U0938986

珍藏本
纪念版

汉译世界学术名著丛书

农业志

〔古罗马〕M.P. 加图 著

马香雪 王阁森 译

2017 年 · 北京

Marcus Porcius Cato

DE AGRI CULTURA

Harvard University Press 1934, Reprinted 1979

本书根据哈佛大学出版社 1934 年拉丁文英文版 1979 年重印本译出

汉译世界学术名著丛书
（120年纪念版·珍藏本）
出 版 说 明

2017年2月11日，商务印书馆迎来120岁的生日。120年前，商务印书馆前贤怀揣文化救国的理想，抱持“昌明教育，开启民智”的使命，立足本土，放眼寰宇，以出版为津梁，沟通中西，为中国、为世界提供最富智慧的思想文化成果。无论世事白云苍狗，潮流左右激荡，甚至战火硝烟弥漫，始终践行学术报国之志，无改初心。

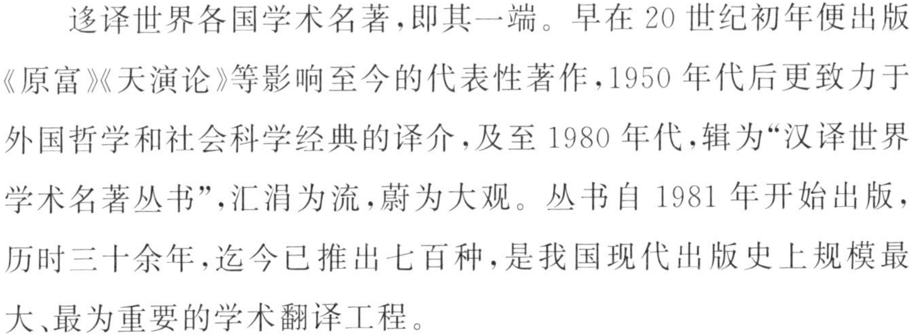

迻译世界各国学术名著，即其一端。早在20世纪初年便出版《原富》《天演论》等影响至今的代表性著作，1950年代后更致力于外国哲学和社会科学经典的译介，及至1980年代，辑为“汉译世界学术名著丛书”，汇涓为流，蔚为大观。丛书自1981年开始出版，历时三十余年，迄今已推出七百种，是我国现代出版史上规模最大、最为重要的学术翻译工程。

丛书所选之书，立场观点不囿于一派，学科领域不限于一门，皆为文明开启以来，各时代、各国家、各民族的思想与文化精粹，代表着人类已经到达过的精神境界。丛书系统译介世界学术经典，引领时代思想,为本土原创学术的发展提供丰富的文化滋养,为推动中国现代学术和现代化进程做出了突出的贡献。

为纪念商务印书馆成立120周年,我们整体推出“汉译世界学术名著丛书”120年纪念版的珍藏本,寄望既利于文化积累,又便于研读查考,同时向长期支持丛书出版的译者、编者和读者致以敬意。

两甲子后的今天,商务印书馆又站在了一个新的历史时间节点上。我们不仅要铭记先辈的身影和足迹,更须让我们的步伐充满新的时代精神。这是商务人代代相传的事业,更是与国家和民族的命运始终紧密相连的事业。我们责无旁贷,必须做好我们这代人的传承与创造,让我们的努力和成果不仅凝聚成民族文化的记忆,还能成为后来人可以接续的事业。唯此,才能不负前贤,无愧来者。

商务印书馆编辑部

2017年10月

加图及其《农业志》

王阁森

我们奉献给读者的这部《农业志》，又译《论农业》的作者加图，是古代罗马共和时代的一位声名赫赫的人物。他不仅是一位以保守派著称的刚强有力的政治家，还是一位极富辩才、谈吐幽默的演说家，博学多闻的历史家，拉丁文学的奠基人，而尤其是一位亲身从事农业管理的农学家。他所著的《农业志》，是罗马历史上第一部农书，也是幸存于世的加图著作中最完整的一部。为了使读者更好地了解加图其人其书，我们谨就加图的生平、《农业志》所反映的公元前二世纪罗马农业经济的特点、《农业志》的结构及其历史地位和意义诸方面作一概括说明。

一、加图的生平

古代文献中流传至今的加图传记有两篇，一是普鲁塔克《传记集》(Plutarch，Lives)中的《加图传》(Cato)，一是奈波斯(Cornelius Nepos，公元前 99－24 年)所撰写的《加图传》(Life of Cato)。此外，西塞罗(Marcus Tullius Cicero，公元前 106－43 年)的《加图颂》(Cato Major)等作品以及李维(Titus Livius，公元前 59－公元 17 年)的《自建城以来》(Ab urbe condita libri，即建城以来的罗马史)和阿庇安(Appian，公元 95－165 年)的《罗马史》(Roman History)中的有关记载，都为我们提供了加图生平的重要资料。

加图，全名马尔库斯·波尔齐乌斯·加图(Marcus Porcius Cato)，又称大加图(Cato Major)或监察官加图，其生卒年为公元前234—149年。他与当时罗马的许多官宦政客不同，并非出自世家豪族，而出身于意大利图斯库鲁姆城(Tusculum，位于罗马城东南约38公里处)的一个殷实的平民农家。他家世代务农，曾祖父曾立战功，父亲也曾是一个勇敢的战士。父亲迁居萨宾人的城市雷亚特(Reate)并购置田产，加图少时即在雷亚特的农村务农。所以，加图从不以他的门第和财富相夸耀，而以先人的勤耕善战为荣。公元前217年，即第二次布匿战争(公元前218—201年)爆发后的第二年，加图年仅17岁时，便履行公民义务，毅然从军。从此，他依靠自己的品质、才干和当权贵族的提携，在罗马奴隶主阶级的军队和仕途阶梯上不断晋升，历任财务官(公元前204年)、平民市政官(公元前199年)、萨丁尼亚的行政长官(公元前198年)、执政官(公元前195年)、西班牙总督(公元前194年)、监察官(公元前184年)等要职。加图以一名普通士卒的身份逐步跻身于罗马最高官职的行列和当权贵族的核心，当时在罗马把这类出身低微而奋斗成功的人称作“新贵”(homo novus)，加图便是这类新贵的典型代表。

加图作为一个战士和将领，勇敢机智而又残酷无情。他在战斗中勇猛冲杀，从军不久“胸部便布满伤痕”[①]。公元前195年，他

① 普鲁塔克：《加图传》，见《希腊罗马名人传》(The Lives of the Noble Grecians and Romans)，现代丛书本，纽约版，第412页。

以执政官身份率军赴西班牙扑灭反罗马起义的烈火。作战时，“他不同别的将军一样，以希望鼓励他的士兵，而是以恐惧鼓励他的士兵。他们进行肉搏战的时候，他骑在马上到处飞跑，以鼓励他的军队”[①]，结果大获全胜。据普鲁塔克说，加图在西班牙夺取了400个城镇，这数目比他在西班牙停留的天数还要多。[②] 加图因西班牙战功曾荣获举行凯旋式的奖赏。公元前191年，在叙利亚战争（公元前192—190年）的德摩比利（Thermopylae，即温泉关）战役中，加图重施当年波斯人绕小路偷袭希腊人的故伎，也暗渡敌后突袭叙利亚军队，又获大胜。这一胜利，曾使全罗马城“充满欢乐和祭献”，当然也给加图本人带来前所未有的殊荣和威信。因此，他一直被罗马元老院视为忠于罗马国家利益的坚强战士的楷模而备受褒扬。

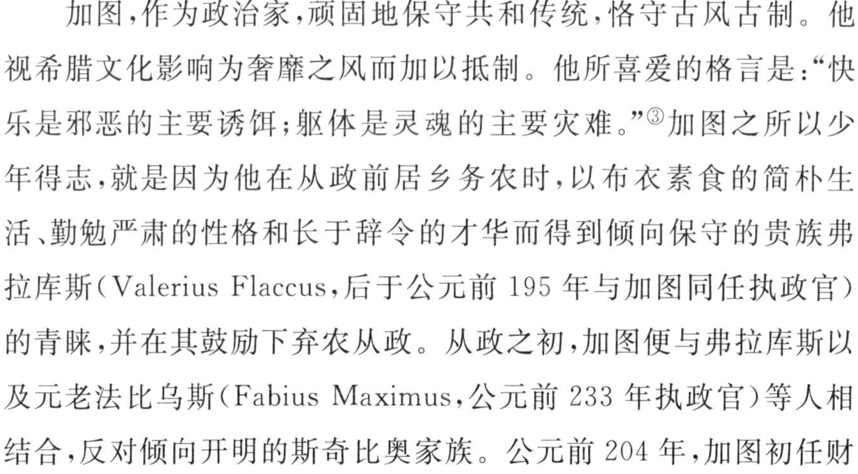

加图，作为政治家，顽固地保守共和传统，恪守古风古制。他视希腊文化影响为奢靡之风而加以抵制。他所喜爱的格言是：“快乐是邪恶的主要诱饵；躯体是灵魂的主要灾难。”[③]加图之所以少年得志，就是因为他在从政前居乡务农时，以布衣素食的简朴生活、勤勉严肃的性格和长于辞令的才华而得到倾向保守的贵族弗拉库斯（Valerius Flaccus，后于公元前195年与加图同任执政官）的青睐，并在其鼓励下弃农从政。从政之初，加图便与弗拉库斯以及元老法比乌斯（Fabius Maximus，公元前233年执政官）等人相结合，反对倾向开明的斯奇比奥家族。公元前204年，加图初任财

① 阿庇安：《罗马史》，VI，40。

② 前引普鲁塔克书，第418页。

③ 同上，第413页。

务官便向元老院指控老斯奇比奥(Scipio Africanus Major,公元前205年时为执政官)在军队中滥施犒赏腐蚀军心,终日观戏玩忽军务。从此,加图便开始以卫道者姿态出现于罗马政坛。后来他在萨丁尼亚任行政长官时,微服简从,徒步巡视,廉洁奉公,曾下令驱逐高利贷者。在执政官任内,他坚持维护限制妇女奢侈的奥庇乌斯法。就任监察官后,他更雷厉风行地反对奢侈腐化,整饬社会风化,制裁放荡行为。他从元老院中驱逐了17名元老。其中有些人固然犯了严重过失,如卢齐乌斯(Lucius Quintius)为了取悦他的一个希望看到杀人场面的密友而在自己的宴会上下令将一犯人斩首。但有些人的过失却属微不足道,如马尼利乌斯(Manilius)只不过是在白日里当着女儿的面吻了自己的妻子。还有的人仅仅由于以戏言谑语回答监察官的询问即遭放逐。加图的这种强硬顽固的态度也表现在对外政策上。一个突出的事例是,他不放过任何机会鼓吹把早已被罗马战败但正在复兴中的迦太基夷为平地。据说他每次在元老院发言,结尾都要说一句:"我认为迦太基必须加以毁灭。"结果,罗马以强凌弱,终于在公元前146年把迦太基变成一片废墟。在罗马国势日张而世风日下的情况下,加图内守祖制,外主扩张,正好适应了贵族统治阶级的需要。所以,尽管加图不断遭到一些人的反对(普鲁塔克说他至少逃脱了50次控告;一些贵族曾推举出七个候选人与之竞争监察官的职位),他仍然不仅作为罗马共和国的忠实捍卫者而且作为罗马奴隶主阶级的道德化身而备受尊崇。在后来的罗马党争中,他更成了贵族共和派的一面旗帜,被用来与改革派相抗衡。

加图在农业经济的领域里,既是一个重视实践、不守陈规的农学家，又是一个精打细算、追求效益的管理人，还是一个悭吝刻薄、残酷无情的奴隶主。如前所述，加图向以自奉节俭著称。普鲁塔克说他从未穿过价值100德拉克马以上的衣服，为午餐所购肉食的价钱不超过30个阿司。他督促妻子亲自理家、哺乳和采购，而且每逢妻子去市场购物，他除非有紧急公务在身经常在场监视。[①]特别是，他为农奴的饮、食、衣、住规定了最低限度的刻薄标准，[②]而为他们的工作规定了最大限度的劳动量，甚至连阴雨天和节假日也概不放过。[③] 他给农庄规定的原则是“多卖而少买”[④]，而给奴隶规定的原则是多干而少吃。他主张不买不需要的东西，而多余的无用之物即使卖一文钱也要卖出。他把年老体衰丧失劳力的奴隶像“赶牲口一样地赶走”[⑤]。他表面上鄙夷财富，声称“宁肯和那些最优秀的人比勇气，也不愿和那些最贪财的人比财富”[⑥]。但在实际上，他却锱铢必较，广置田产，积蓄财富。[⑦] 为了扩大田产收益，加图在生产技术上重视实践、提倡更新。他有句格言：“只要熟悉，自然有话可说。”《农业志》中介绍和总结了关于作物培植特别是橄榄栽培的许多新鲜经验。

加图作为一个杰出的演说家和文学家，在拉丁文学的发展中

① 前引普鲁塔克书，第426等页。
② 《农业志》，§56—59。
③ 同上，§2等。
④ 同上，§2、7。
⑤ 前引普鲁塔克书，第414页。
⑥ 同上，第418页。
⑦ 同上，第427页。

起了奠基的作用。他长于演说，有罗马的德谟斯梯尼[①]之称。时人认为加图的演说，“既文雅而又有压倒一切的力量；既诙谐而又严峻；既富有警句格言而又热情奔放”[②]。他讲起话来妙喻联翩。例如他在谈到罗马人的性格时比喻说：“罗马人像绵羊一样，当他们单独行动时就不服从命令，而成群行动时，就会跟在带头羊的后面走。”[③]还例如说“学问是苦根上长出来的甜果”，等等。加图的演说词数量极丰，在西塞罗的时代还有150余篇，后大部分失传，存留至今者仅有80个断片。此外，加图的著述也颇多，数达7部，内容涉及法律、文学、历史、军事、医学、农学等方面。他在文学方面的功绩是，奠定了拉丁散文文学的基础。他所著《创始记》(Origines)，全书共7卷，采纪事本末体，所叙史事，上起罗马城肇始，下迄公元前149年，是用拉丁散文形式写作的第一部罗马史，故加图亦可称罗马第一位历史学家。唯《创始记》只有断片存留。加图著作中保留最完整的就数这部《农业志》了。

加图生活于公元前三世纪中叶至二世纪中叶，这是罗马城邦巨变的时代。罗马从一个小国寡民的狭隘城邦一跃而为囊括地中海沿岸大部分地区的霸国，从一个古朴单纯的农业小邦发展而为农、工、商、高利贷业全面繁荣的奴隶制经济强国，展现在孤陋寡闻的罗马奴隶主面前的是一个他们前所未见的光怪陆离的世界。罗马的固有传统越来越不适应于这个新的世界。各种事物的发展都带有明显的二重性或多重性。新与旧的矛盾充斥于罗马社会生活

---

① 德谟斯梯尼(Demosthenes)，公元前384—322年，古希腊卓越的演说家。

② 前引普鲁塔克书，第416页。

③ 同上。

的各个领域。这一时代特征不能不在加图的身上打下烙印。他一方面鼓吹重农轻商，赞颂农人而蔑视高利贷者；[①]另一方面却经商放贷，贪得无厌。据普鲁塔克说，加图通过被释奴隶昆提奥（Quintio）经营海外贸易，而且只把资金投放于拥有50艘以上商船的伙商当中，即使有失，仍能保证得大于失，可说是稳操胜券。他还“热衷于放高利贷”[②]，甚至放贷给奴隶，使之经营繁殖奴隶人口的买卖，而他自己则坐享其成。他一方面热诚地保守和颂扬罗马人民靠天吃饭、戮力耕耘的古老的纯朴性，另一方面却又积极支持对外侵略和扩张的政策，并且戎马亲征，而当外国文化影响必然地顺着罗马扩张的渠道反过来袭入罗马门户的时候，他又竭力加以抵制和诋毁。他憎恶和蔑视希腊人和希腊文化，曾说希腊人的著作只配供查阅而不配供研究，然而，他的《创始记》却大量地运用了希腊人的资料。[③] 他一方面道貌岸然地维护社会和家庭的道德风尚，在其官职任内经常追究某些人对他人施加的侮辱和暴虐行为，而另一方面在实际行动上却背道而驰。据说他在早年尚未发迹时，很少因仆人伺候不周而加以呵斥，发迹之后却常常在自家的宴席上因伺候不周或菜不适口而在亲朋面前亲自鞭打奴隶。[④] 由此可见，加图的形象并非表里如一，首尾一贯。对于加图的这种二重性格，古人曾有不同的看法。例如，有些人把他的悭吝刻薄说成是

① 《农业志》，引言。

② 前引普鲁塔克书，第427页。

③ 参见谢尔根科译注：《加图农业志》（М. Е. Серченко, Марк Порций Катон: Земледслие），苏联科学院出版社，1950年版，第89页。

④ 前引普鲁塔克书，第427页。

“贪婪”，有些人却说是“克己”，还有人说它表示一种“严厉的性格”。[①] 其实，加图的表现，表面看去似乎是歧异的，而本质上却是统一的。如同新与旧的因素统一在新兴的罗马霸国当中一样，加图所表现出的既维护本阶级的长远利益又贪求个人的现实利益的不同侧面，也统一在奴隶主阶级的残忍刻薄、诛求无已的本性之中。

二、加图《农业志》所反映的公元前二世纪罗马农业经济的特点

《农业志》之可宝贵处，在于其内容不仅涉及农业技术和农事管理，而且涉及农业生产关系（特别是土地所有制）、奴隶制关系和阶级关系等各个方面。因此，从《农业志》看罗马的农业，虽是“管中窥豹”，但可见一斑。

首先，可以看到罗马的土地所有制在加图所处的公元前三至二世纪之交发生了重大的变化。

农业是整个古代世界的决定性的生产部门，罗马尤其如此。有句话说，“罗马的城界是用犁划出的”，“意大利是罗马人用剑获得，用犁巩固的”。连罗马人的名字都与农业密切相关，例如：法比乌斯（Fabius）意为菜豆，兰图鲁斯（Lentulus）意为扁豆，而西塞罗（Cicero）则意为豌豆。如此等等，足见农业对社会生活影响之深。但在公元前三世纪之前的罗马农业一直是建立在小土地所有制和个体小农经济的基础之上的。一般农民从国家的分配中领取 2—

① 前引普鲁塔克书，第 415 页。

7 尤格(Jugerum,一尤格等于$\frac{1}{4}$公顷)的小块份地。他们靠自力耕耘,或者至多有一两个奴隶相助。贵族家族,不仅人多势众,而且拥有传统的占用“公有地”(ager publicus)的权利,因而可以占有较多的土地。但当公元前 5—4 世纪时,罗马地促势微,四面受敌,所以贵族家族所占土地亦属有限,其多余土地只好交给被护民(Cliens)和少数奴隶耕种,而且在国家危难时期有些贵族本身还躬耕田亩。著名的秦钦那图斯(Cincinnatus,公元前 458 年独裁官)在与埃魁人与萨宾人作战之后去官为民,亲耕四尤格土地的传说,[①]便可资说明。

但是,从公元前四世纪初至二世纪中叶,罗马先是使整个意大利成为它的一统天下,旋又染指地中海,征服迦太基,吞并希腊,终于成为雄踞地中海的霸国。罗马的社会经济随之发生巨变。这种变化突出表现在三个方面:1. 数以万计的战俘奴隶和巨额资财源源流入罗马。罗马的奴隶数量激增并充斥于各生产部门。罗马同时还通过勒索战争赔款、洗劫居民财富、掠夺战利品和征收什一税等途径将巨额资财集中于罗马。这些资财的相当一部分转化为经济资金。2. 海陆商道的广泛开辟、资金的积累、东方的手工业奴隶连同手工业技艺的流入,促使罗马的手工业、商业、金融业、高利贷业日趋繁荣。3. 公有地的数额猛增,其中一部分划分成 5—30 尤格不等的份地分配给罗马公民,大部分则由国家出租或拍卖。这三个方面同时构成罗马大土地所有制特别是中等规模的奴隶制庄

① 李维:《罗马建城以来史》,III,26。

园经济确立和扩展的经济前提。元老贵族和骑士依恃手中的奴隶、资金和权势，租种、购买乃至侵吞公有地，同时兼并小农土地，造成大地主拥有 500 尤格以上直至数千尤格土地的情况。他们兴建庄园，利用奴隶劳动经营商品化、专业化的园艺业、畜牧业和谷田。加图本人便是这样的一个大地主。据统计，加图在公元前 180 年左右至少拥有如下的多处地产：

雷亚特(Reate)的地产，系继承父产；

城郊地产，可能位于罗马城东南的图斯库鲁姆(Tusculum)。此地产在《农业志》第 8 章中有所反映。

120 尤格的橄榄园，多半位于康帕尼亚，约购于公元前 205 或 204 年。《农业志》的第 3—6 章对此项地产有所论述。

240 尤格的橄榄园，位于康帕尼亚的维那弗鲁(Venafrum)。《农业志》第 10 章列举了这一地产的全部设备。

100 尤格的葡萄园，位于罗马城东南的卡西努姆(Casinum)。《农业志》第 11 章有所记述。

此外还可能有谷田。①

从上述加图地产清单可见：1. 从总体看，加图一身兼有多处地产，总计面积至少有 1000 尤格。加图是大土地所有者，这种土地所有制则属于大土地所有制的范畴。2. 分开来看，每一处地产都属中等规模(100—240 尤格)，称不上大地产(拉丁文为 Latifundium，即“拉蒂芬丁”)。大土地所有者在这种中等规模的地产上

① 库吉辛：《公元前二世纪至公元一世纪意大利奴隶制拉蒂芬丁的起源》(В. И. Кузищин，Генезис рабовладельческих Латифундий в Италий II в до н. э—I в. н. э)，莫斯科大学出版社，1976 年，第 31 页。

经营奴隶制的庄园经济，通称为中型庄园，以别于公元前二世纪后产生的“拉蒂芬丁”。这种中等规模的地产在当时的大土地所有制中显然占有主要地位。3.这些中等地产分成葡萄园、橄榄园、谷田等多种类型。拥有多处地产的土地所有者往往同时在不同的地产上因地制宜地从事多种经营。加图在《农业志》第1章中列举9种经营不同作物的地产：葡萄园、灌溉园圃、柳园、橄榄园、牧场、谷田、采伐林、树木园、橡树林。而在这些类型的地产中最有利可图，占最重要地位的则是葡萄园、灌溉园圃和橄榄园，亦即中型园艺业庄园。

中型的园艺业庄园是加图所关注的主要对象，自然也是《农业志》的中心课题。因此，《农业志》充分反映出中型园艺业庄园经济的如下特征：

第一，庄园建立在剥削奴隶劳动的基础之上，以剥削奴隶劳动为主，剥削自由雇工为辅。《农业志》提到两类劳动者，一是非自由人，一是自由人。前者包括各种奴隶（庄头、管家、御夫、御驴奴、牧猪奴、牧羊奴、园工奴等，见第10、11等章）；后者包括雇用的日工（第4、5等章）、建筑工（第14、15、16等章）、手工业工匠（第21章）、分益农（第136、137章）。奴隶承担一切日常的繁重工作。自由劳动者则通过与庄园主订立承包或承租合同，从事季节性的（如葡萄、橄榄采摘）、技术性的（如葡萄酒、橄榄油的酿制）以及土木建筑和设备维修等方面的工作。奴隶既然是主要的剥削对象，对奴隶的剥削原则和措施也就成了加图所关心的重要问题。《农业志》所反映的剥削奴隶的原则可以概括为：把支付给奴隶的各项消耗压缩到最低限度，把从奴隶身上榨取的剩余劳动增加到最大限度。

加图并没有把奴隶直接说成是牛马，也没有像后来的罗马农学家瓦罗(公元前 116—27 年)那样，称奴隶为“会说话的农具”[①]，但实际上他仍把奴隶视同牲畜，这从《农业志》总是把奴隶的口粮与牲畜饲料相提并论上可以明显地看出。[②] 这一剥削奴隶的原则贯穿于各个方面。在购买奴隶上，加图总是以最低廉的价格买得最能干的奴隶。普鲁塔克说：“加图从未花过 1500 德拉克马买过一个奴隶，因为他不找美貌而纤弱的人，而是觅求能干而强壮的工人、马夫和牧牛人”[③]，又说：“加图买了许多战俘奴隶，但主要是买年轻的，因为他们和小狗和马驹一样易于训练和管束。”[④]在工作安排上，奴隶除恢复体力所绝对必要的睡眠而外，几无休息时间。加图责令庄头严格地计算工作和每日的工作量(《农业志》第 2 章)，除了让奴隶不间断地从事四季农活之外，阴天下雨和宗教节日也必须干适当的工作而不得稍歇(《农业志》第 2、23、39、138 等章)。而当奴隶失去劳动能力之后，则又立即被出卖。加图把“老奴”、“病奴”同“老牛”、“破车”等放到一起，置于必须迅即出卖的废品之列(《农业志》第 2 章)。在奴隶的生活待遇上，更可谓悭吝刻薄，精打细算。加图具体规定了发放给奴隶的食品和衣物的数量和质量(《农业志》第 56—59、104 等章)。此等供应不仅质量低劣，而且因时因人而异。如令奴隶食用以落地的橄榄果和葡萄渣腌渍的食物，穿木履，盖破被等等，而且供应数量因季节和农活劳动强度的

① 瓦罗：《论农业》，第 1 卷，第 17 章。

② 加图：《农业志》，比较第 54—60 节，103—104 节。

③ 前引普鲁塔克书，第 414 页。

④ 同上，第 427 页。

不同而有所改变，同时把一般奴隶与“病奴”(第 2 章)、“带足枷的犯奴”(第 56、57 章)等加以区分，给以不同的供应量。这样做的目的，显然在于压缩奴隶的生活消费以实现最大限度的剥削。

第二，强化奴隶管理和监督劳动。对奴隶的残酷剥削必然激起奴隶的反抗。《农业志》第 5 章提到奴隶的过失、奴隶的恶行，第 2 章还直接提到“奴隶逃亡”，第 56、57 章两次提到“带足枷的犯奴”。所有这些，很大程度上反映了奴隶以种种方式进行反抗斗争的事实。为了防止奴隶反抗，《农业志》把强化管理措施提到重要地位。在管理组织方面，在庄园主之下设置庄头(Vilicus，第 5 章)、管家(Vilica，第 143 章)、看管(Custods，第 66、67 章)等；在管理措施上，明确而详细地规定了各种管理人员的职责。如，主人必须视察和监督庄园的工作，所谓“主人的眼睛是块宝石”，意指能明察一切，而这种视察的重要目的之一就是发现奴隶的过失(第 4 章)。庄头则必须“审理奴隶的纷争”(第 5 章之 1)、“谁犯了什么过错，要根据罪情，适当惩处”(第 5 章之 1)、“要使奴隶忙于工作，要注意使他们完成主人命令”(第 5 章之 2)、在劳动中体察奴隶心情，亦即了解奴隶的思想情绪(第 5 章之 5)、限制奴隶与外人接触(第 143 章)①、禁止奴隶向外人泄露庄园内部和主人的情况，②等等。总之，对奴隶从思想、生活到劳动均加以严密控制。《农业志》还屡屡告诫庄园主和庄头对奴隶的“过失”“勿宽恕”、“勿容忍”，而要予以严惩。庄园中“带足枷的犯奴”的存在，便是这种“惩罚”的明证。这些管理组织和措施都属于“监督劳动”的范畴。这种监督

①② 前引普鲁塔克书，第 427 页。

劳动在小农经济的领域里是不存在的，只有在集中应用奴隶劳动的庄园经济中才突出地表现出来。正如马克思所说："凡是建立在作为直接生产者的劳动者和生产资料所有者之间的对立上的生产方式中，都必然会产生这种监督劳动。这种对立越严重，这种监督劳动所起的作用就越大。因此，它在奴隶制度下所起的作用达到了最大限度。"①

第三，实行生产专业化和劳动协作。庄园的生产专业化，主要表现在两个方面：一是专门生产某种产品；一是拥有为生产该项产品所必需的一应俱全的生产设施和生产工具等生产资料。《农业志》所列举的九种地产（第 1 章），特别是其中的园艺业地产都是专业经营的。第 10、11 章特别详细地列出葡萄园和橄榄园所应有的全套设备。这类庄园拥有自己的苗圃、压榨场、压榨机、碾磨机、仓库以及运输工具，可以满足从幼苗培育、酿酒、榨油、贮存直到将产品运往市场的整个生产过程和产品流通过程的需要。在与其他庄园的关系上，每个庄园力求自成一体，自给自足而尽量无求于人。庄园之间很少有协作关系。但在庄园内部的生产过程中则实行劳动协作。这种协作既表现在庄园内集中人力采集橄榄、葡萄等劳动过程中，也表现在酿酒、榨油时的采摘、压榨、过滤、装坛和贮存等分工合作的过程中。专业化与协作大大提高了庄园的劳动生产率和劳动效率，从而使庄园经济比之个体小农经济具有明显的优越性。

第四，商品生产与经济核算。专业化的庄园本身就是商品货

① 马克思：《资本论》，人民出版社，1975 年版，第 3 卷，第 431—432 页。

币关系发展到一定程度的产物，其存在当然离不开买与卖。庄园所需的从生活资料到生产资料的大部分物品来自购买（《农业志》第135章），而其所生产的全部产品除为再生产所需者外全要卖掉（《农业志》第2章）。因此，庄园在地产购置、作物栽培、产品酿造、成品计算等各个方面都服务于商品生产这一经营方向。《农业志》首先便提出庄园的地点“要靠海、靠可以行船的河流，有良好的水域或繁华的城市，有良好的往来人多的道路”（第1章），继又指出要根据有无销路和是否有利可图的原则来确定作物的种类和品种（《农业志》第8、9章），而在随后产品制造和贮存的整个过程中都贯穿这一原则。例如，《农业志》提出要有设备完好的地窖以备贮存油和酒，而其目的则是“待善价而沽”，从而得到“财富、势力和光荣”（第3章）。

庄园经济既是商品生产就必然受到商品生产所固有的价值法则的支配。因此《农业志》特别重视经济核算。这种核算主要表现在两个方面。一是在土地面积、人力配置和生产设备三者之间确定和保持一个最合理的比例关系。例如，第10、11章，对240尤格的橄榄园和100尤格的葡萄园应配备多少名奴隶，应有多少头牲口，需要多少生产工具和生活用品，从锄、镰、锹、镐、筐、篮、缸、坛到锅、碗、瓢、盆，从桌、床、椅、凳到枕、巾、被、褥，都作了极其详尽的数量和质量的规定。力图做到，不余一人，不多一物，恰到好处。一是尽量减少固定资金的积压以降低生产成本。《农业志》第2章特别告诫庄园主：“年内缺少什么，要备办；多余的，要售出；……要进行竞卖；油价好时，要卖出；酒、粮有余剩，要出售；衰老的牛，衰老的牲畜，衰老的羊，羊毛，兽皮，旧车，旧铁器，老奴，病奴，以及其他什么多余的东西，要卖掉。庄主应当是有卖癖而不是有买癖的人。”

从上述四项特征可见：中型奴隶制的园艺庄园是当时农业中的一种先进的经济形式。这种形式基本上适合于当时生产力的性质和发展水平，同时又促进了生产力的发展。但是，另一方面，《农业志》也反映出这种庄园经济的局限性。对奴隶的残酷剥削限制了劳动者的主动性和劳动协作的优越性的发挥；庄园规模及其与生产设备之间的较固定的比例关系妨碍了扩大再生产；庄园中尽管商品生产的程度很高，但由于对奴隶的人身占有（奴隶的劳动力未变成商品）和对奴隶劳动的超经济强制，使庄园经济仍保有自然经济的要素。[①] 此外，由于中型园艺庄园的存在必须具备相应的依附条件（地点适宜、土质肥沃、市场需要等），尽管它在农业经济中占有先进的重要的地位，但在整个意大利农业的比重上并不占主要地位。它分布的范围主要在康帕尼亚和拉齐奥一带。意大利北部的波河流域在公元前三至二世纪仍以小农经济为主，而意大利的南部则多经营畜牧业。就是在意大利中部，仍有相当一部分中型地产种植谷物，只不过是日益精耕化了。《农业志》仍以相当篇幅谈及谷田，就可以说明这种情况。

三、《农业志》一书的结构及其特征

《农业志》全书含162章，平铺直叙而未划分大的篇目。但就其内容看大体上可划分为五部分（引言与正文的四部分）。

① 参见马克思：《资本论》，人民出版社，1975年版，第2卷，第539页。

引言：赞颂务农是纯洁的职业，农民是骁勇的战士，表述了古代社会所固有的农本思想。

第一部分：总论（第1—13章）。包括：购置田产的注意事项；巡视庄园与农事安排；庄园的建筑与设备；管庄人员的职责；因地制宜地安排作物种植；各种规模地产的人员与设备。

第二部分：庄园建设与设备制作（第14—22章）。房屋、院墙等建筑与包工的注意事项；葡萄压榨机、橄榄碾磨机等设备的安装与调整。

第三部分：秋、冬、春、夏各季的农事安排（第23—53章）。其中：

秋季（第23—36章）：葡萄收获、酿酒、饲料种植、积肥、橄榄收获、秋播。

冬季（第37—39章）：运肥、伐树、谷地锄耘、除草、拾柴堆柴、石灰烧制。

春季、夏季（第40—53章）：果树接枝、葡萄嫁接、橄榄修剪、栽植橄榄树苗、建立苗圃。

第四部分：农家日常杂务（第54—162章）。饲料加工、奴隶饮食衣物的配给、牲畜疫病防治、日常食品制作、家禽饲养、物品保存、人体疾病防治、与农事有关的宗教礼仪、买卖须知、包工合同与出租合同的订立，等等。

《农业志》表面上并没有上述这样明确的篇章结构的划分，乍看上却有两个明显的特点：一是忽此忽彼地转移话题，各项课题互相穿插，而不是就一个课题一论到底；一是前后重复，反复叙述。这两方面的例子比比皆是。如第47章仅有寥寥数语，却提出了三个课题:从栽芦苇转到葡萄苗圃的安排与种植,再转到栽葱。三者显然无甚关联。又如,从第 54 章到 64 章这十一章中分别论及许多课题,没有一个前后一贯的中心话题:

第 54 章:牛的饲料。

第 55 章:主人用柴。

第 56 章:给予奴隶的口粮。

第 57 章:给予奴隶的酒。

第 58 章:给予奴隶的副食品。

第 59 章:给予奴隶的衣物。

第 60 章:牛的饲料。

第 61 章:田地耕垦。

第 62 章:庄园应备大车的数量。

第 63 章:压榨机绳索的尺寸。

第 64 章:采集橄榄。

再看一下前后重复的明显例子:

尽快采集橄榄和榨油:	重复见于第 3 章和第 64 章。
建造打谷场:	重复见于第 91 章和第 129 章。
庄头的职责:	重复见于第 5 章和第 142 章。
修剪葡萄园时堆积干柴:	重复见于第 37 章和第 50 章。
耕垦潮湿地:	重复见于第 50 章和第 131 章。
牛饲料:	重复见于第 5、27、38、53、60 各章。

如此等等,不胜枚举。

究竟应如何解释这种现象?学者们众说纷纭。或说现有形式的《农业志》并非加图手笔，乃是伪作。[①] 此说难于成立，因为把瓦罗（Varro，公元前 116－27 年）、科路美拉（Columella，公元一世纪）和普鲁塔克（Plutarch，约公元 46－120 年）等人的著作中所引述的加图言论，与《农业志》相对照，大体相符，足证无伪。或说《农业志》的“杂乱无章”的形式是后来一些文法学家滥加校订的结果。但又有人持不同见解，认定这种“杂乱无章”的传本恰恰是真本，[②] 并且认为“杂乱无章”的原因在于《农业志》并非层次分明、结构谨严的论著，而是一部农场主的随笔札记，其中记入他所关心的一切问题，既没有完全照顾到次序，事先也没有深思熟虑的写作计划。苏联学者谢尔根科的看法又与此不同。[③] 他认为，《农业志》表面看来杂乱无章，实则有统一构思和系统安排。他还认为，原文忽此忽彼的跳跃是一种曲折叙事的笔法，而前后重复则是把本来就是在一年四季中错综交叉的农活按不同季节故意加以重复，而且每重复一次都在深度和广度上扩展一次。如，所谓曲折式笔法，可以第一章为例：

第一章的内容包含两个主题：田产本身的特点（以“甲”表示）和田产所在地（环境）的特点（以“乙”表示）。这两个主题交错地展开如下：

甲：“好的田产每次去每次使你更满意。”（田产本身）

---

① 盖斯奈尔：《农业作家》（Gesner，Scriptores rei rusticae，1773－1774）。

② 豪斯勒：《加图的〈农业志〉》（Hauler E. Zu.，Catos Schrift Über das Landwesen，1896）。

③ 谢尔根科译注：《加图农业志》（М. Е. Серчееко，Марк Порций Катон：Земледелие），苏联科学院出版社，1950 年版。

乙:“邻人的面容丰润到如何程度,要加以注意。”(环境)

甲:“要走到里面去,注目观察,好能彻底了解它。”(田产本身)

乙:“要有好气候,不易遭冰雹……要地处山脚下,南向,环境有益卫生,要工人多,而且要靠海、靠可以行船的河流,有良好的水域或繁华的城市,有良好的往来人多的道路。”(环境)

甲:“要有良好的建筑。”(田产本身)

这样就形成了甲乙甲乙甲……的叙述图式。这种有规律的笔法,在第5章中也可明显地看到。如第五章的第6段和第7段,也是两个主题互相交错,一是牛羊(仍以“甲”表示),一是田事(仍以“乙”表示):

甲:“要极其殷勤地照看耕牛。对牛倌们要稍加体贴,使他们乐意照看它们。”(牛)

乙:“要力求有好的犁和犁铧。当心不要耕干旱地;……”(田事)

甲:“要细心地为牛羊垫草,要关心它们的蹄子。要预防家畜和驮兽长疥癣……”(牛羊)

乙:“要及时完成所有工作,因为农事就是这样,你一件事做迟了,就一切都迟了。”(田事)

甲:“如果蒿草缺乏,可采集橡树叶,垫在牛羊脚下。”(牛羊)

乙:“要设法有一个大的肥料堆。要加意积肥:运出肥料时,要清除杂物并加以粉碎。”(田事)

甲："要及时剪掉杨树、榆树、橡树叶，要趁它们还未十分干枯时贮存起来，作为羊的饲料。"（羊）

乙："秋雨后要种植芜菁、饲料作物和羽扇豆。"（田事）

这一例也是按照甲乙甲乙甲乙甲乙这样有规律的图式展开的。

关于前后重复的问题，则可以总论（第1—9章）与秋季（第23—36章）之间的重复为例。如：

总论	秋季
干旱地（第5章）	干旱地（第34、37章）
饲料秋播（第5章）	饲料播种时间（第29章）
肥料（粪堆）（第5章）	运送肥料的地点和数量（第29章）
	肥料的种类（第36章）
	造肥的原料（第37章）
田产地点（第6章）	列举各种土质的田地（第35章）
谷物（第1、2章）	羽扇豆、小麦（第34章）
饲料、羽扇豆、芜菁、燕麦（第5章）	豌豆、芜菁、蚕豆、扁豆、葫芦巴（第27章）

那么，应该如何看待这些截然对立的观点呢？

应该看到，把《农业志》说成是"杂乱无章"或相反说成有统一构思和系统安排，这两种观点都有某种合理成分（后一说尤其明显），但又都失之片面。实际情形是，《农业志》确实有些杂乱，其例已如前述，但从前述五个部分的大体划分上看，又是"乱中有序"的。仍如前述，有些部分的重复并无必要，但像谢尔根科列举的那样，有些部分却又"重复有因"。《农业志》包括经济思想（农本、重

农）、经营原则、庄园的基本建设、管理组织、农事历、生产程序、技术指导、生活安排等各个方面，应该看成是一部完整的农书，但各个部分又欠系统归纳和严谨安排。全书的引言、总论部分比较完整系统，农事历和日常杂务部分就显得杂乱。这些既表现出作者的著书立说系统总结经验的旨趣，又表现出作者从实际出发把农家事务杂然并陈一一指教，使之起到实用指南作用的意图。表面看去，这些方面仿佛是相互矛盾的，其实却是统一的。这种统一恰恰表明，《农业志》是一部早期的具有朴素形式的农书。单独强调某一方面，将其割裂开来，或褒或贬，都不尽符合实际。

四、加图《农业志》的历史地位与意义

我们知道，罗马及其所在的意大利并不是农业的发祥地。人类历史上最早的农业文化大约在公元前 9000－8000 年左右发生在西亚。后来农业文化逐步扩展到欧洲，先是传入爱琴诸岛，后是巴尔干半岛、中欧和意大利，终于到达不列颠。罗马社会之开始进入农业和“村舍阶段”（hut age）大约是在公元前 1000 年左右，比之西亚和大陆希腊要晚数千年之久。但是，到了公元前一千年代的中叶以后，罗马由于逐步成为地中海世界的经济和政治中心，由于通过与伊达拉里亚人、迦太基人和意大利南部大希腊的接触，吸收了东方和希腊的先进文化，也由于具有土壤肥沃、气候适宜等优越的自然条件，终于由一个经济后进的小邦变成一个后来居上的重要的农业国，同时也就成了许多著名农书的诞生地。在罗马历史上比较著名的农学家或在自己的著作中涉及农事的作家有许多人。如，提奥弗拉斯图斯（Theophrastus，公元前 369－285 年）、恩

尼乌斯(Ennius Qintus,公元前239—169年)、瓦罗(Varro,公元前116—27年)、萨塞尔纳(Saserna,约公元前一世纪)、科路美拉(Columella,公元一世纪)、老普林尼(Gaius Plinius Secundus,公元23—79年)、帕拉狄乌斯(Palladius Rutilius Taurus Aemilianus,公元四世纪)等人。加图在他们当中是比较早的一位,而他的著作既是专门的农书,又是保存最完整的一部(在他之前的一些作家的书大多亡佚),因而具有重要地位和意义。

《农业志》比较具体而集中地反映了公元前二世纪意大利农业经济特别是中等规模的园艺经济的特点,使我们对古代奴隶制农业能够有一个明确的印象和概念。

《农业志》吸取了当时先进的农业经验,又系统地总结了自身的实践经验,整理和推广了先进的农业技术,对当时和后世的农业进步都起了积极的作用。在吸收他人经验方面,加图很可能看到过迦太基人马贡的农书,但他更主要的是总结了自己的经验。值得注意的是,《农业志》是针对意大利农业的实际状况和需要而写的。《农业志》着墨最多的是橄榄种植业,而葡萄园和谷田则居其次。这是因为,当时橄榄种植是新兴行业。在此以前,意大利的橄榄主要靠自生自长,几乎无“园”无“艺”(技术),而只是作为一种副业存在。但公元前二世纪时情况大变,剥削阶级财富的增多和外来生活方式的影响使市场对橄榄油的需要量大为增加。为了满足市场上日益增长的需求,必须改变陈规陋习,在橄榄种植上推广先进的栽培技术和管理经验。正是适应这一需要,《农业志》才详尽地记述了橄榄的育苗、插枝、施肥、采集、榨油等一系列技艺(第5、6、45、46、64、65等章),几乎是一部完整的橄榄园艺大全。为了提高产量，还一再强调施肥的重要性（第5、29、36、37、93等章），并作了栽培插枝的详尽的技术指导（第51、52、133等章）。在谷田方面，加图也再三强调精耕细作（第61章）和施肥，而摒弃那些不切实际的陈旧经验（参见第64章）。当然，《农业志》还保有许多宗教迷信等非科学的风俗习惯，也还带有明显的局限性，但这并不是主要的。

《农业志》不仅论及农业，还涉及罗马人的建筑技术、手工业技术、医疗技术、宗教信仰、生活习俗等各个方面。特别是详细论及庄园的管理组织、阶级结构、剥削关系、奴隶主阶级的思想面貌与物质生活状况、奴隶阶级的处境与待遇等等，从而为我们研究公元前二世纪的罗马和意大利的社会史提供了宝贵的资料。

《农业志》是加图大约于公元前160年用拉丁文写成的，其手稿原文留存下来的已极其残缺不全。人们可以追溯到的最早的手抄本是曾经收藏于佛罗伦萨的圣马可（St. Mark）教堂的名为马尔齐安（Marcianus）的抄本，后来竟也遗失了。据考证，最后一个看到并使用这一抄本的是佩特鲁斯·维克托里乌斯（Petrus Victorius，1499—1585年）。他于1541年根据抄本出版了一些罗马农学家的著作。马尔齐安抄本遗失后，还存在该古抄本的副本和多种传抄本。学者们长期间借助于古典文献对各种抄本做了大量的考证、补白、校勘的工作，并出版了一些有价值的版本。自十八世纪以来出版的较有价值的版本有盖斯奈尔（Gesner）于1735年出版的《农业作家》（Scriptores Rei Rusticae）、海因里克·凯尔（Heinrich Keil）1884—1894年的《大型版本农业志》（Editio Maior）、乔治·高茨(George Goetz)的《加图》(第二版,载《托伊布纳希腊罗马作家丛辑》(Teubner Series),1922 年)。现代西方版本多以凯尔本和高茨本为蓝本。

解放后,我国学术界日益重视对古典文化的研究,出版了越来越多的汉译世界名著。首次发表的加图《农业志》的中译文是王阁森同志根据谢尔根科的俄译本并参照 1936 年洛叶布古典丛书的英译本译出的(见东北师范大学《科学集刊》1957 年第二期《世界古代史译文集》)。现在我们又根据美国哈佛大学 1934 年拉丁文英文版 1979 年重印本译出。限于水平,本文和译文不妥之处,敬希指正。

加　图

农　业　志

农　业　志

有时经商逐利，如不十分危险，那是很好的；贷款取利，如果非常公道时亦然。盗贼处罚两倍，贷款取利者四倍，我们的先人们持这种观点，并这样写在法律中。从而可以断定，他们认为贷款取利者是比盗贼坏得多的公民。他们称赞好人时这样称赞："好农民"，"好庄稼人"。受到了这样称赞的，就被认为受到了最大的称赞。但我认为商人是勤奋和热衷于逐利的，然而如上所述，却是多冒风险和易遭灾难的。不过，最坚强的人和最骁勇的战士，都出生于农民之中。[农民的]利益来得最清廉、最稳妥，最不为人所疾视，从事这种职业的人，绝不心怀恶念。现在为了回到我答应撰写的题材上去，即以此数言为序。

一

你想置买田产时，要记取下列事宜：勿汲汲于购置，要不辞辛苦去察看，[①]勿以绕行一次为已足。好的田产，每次去每次使你更满意。邻人面容丰润到如何程度，要加以注意：在良好的地区必然有丰润的面容。要走到里面去，注目观察，好能彻底了解它。要有好气候，不易遭冰雹，要土地肥美，天然生长力强。如

① 普林尼(《自然史》，XVIII，26)引述过这种劳苦。

果有可能，要地处山脚下，南向，环境有益卫生，[那里]要工人多，而且要靠海，靠可以行船的河流，有良好的水域或繁华的城市，有良好的往来人多的道路。要处在那些不常变换主人的地方：因为在那些地方出卖了田产的人，会对出卖感到懊悔。要有良好的建筑。切勿贸然轻视别人的经验。更好是从既是好种田人又是好建筑者这样的主人那里购置。到田庄去时，要注意压榨机和酒桶多不多，不多时，要知道果实收获也照样。设备不必大，地点要适宜。要注意设备尽量少，田地不虚耗。要知道，田地也和人一样，虽然收入多，但如好挥霍，所余必不多。如果你问我什么是最好的田产，那我就要说：在所有地点最好的百尤格[①]田地中，如果葡萄好而多，则葡萄园居第一，可灌溉的园圃居第二，柳园第三，橄榄园第四，牧场第五，谷田第六[②]，采伐林第七，树木园第八[③]，结实累累的橡树林第九[④]。

① 一尤格为 28,800 平方英尺的地积，约等于一英亩的三分之二。

② 加图将种植谷物的重要性放在第六位，意味深长。第二次布匿战争使罗马共和国完全陷于混乱。自由民被征召入伍，田地遭到破坏和焚毁。“罗马农民被抓走多年，由于过军队生活而颓废消沉，不能也不愿安居下来过旧日过惯的安静的农民生活……他们的田园落入富豪手中，而意大利的肥沃土地也就沦为牧场，衣不蔽体的奴隶则从事照管牲畜。”（史密斯《罗马和迦太基》第 230 页）种植谷物已不再有利可图，从西西里和非洲输入谷物相习成风。从可怕的战火中出现了聚富有的贵族于其周围的新的罗马，情况一片颓唐。这样一来，当然就造成了种粮食还不如种葡萄、种橄榄、种菜蔬或养牲畜要紧的情况。

③ 树木园原文作 Arbustum，指供葡萄蔓攀援用的树木种植园，或指果园。科路美拉《农业论》第五卷第六章曾加以描述。但在这儿加图使用的似乎并不是上述第一个意思。

④ 橡树林为牲畜提供饲料用。

二

庄主来到田庄拜过家神，如果可能，要即日巡视田产，即日不能，要在翌日。一了解到田产如何耕种，哪些工作完成，哪些工作未完成时，要在翌日召见庄头，询问他什么工作完成了，什么工作留下来，工作完成得及时与否，余下的工作能不能完成，以及出产了多少酒、多少粮食和其他所有物品。了解了这些，要算一算工作量和日数。如果觉得工作不显著，而庄头说他尽力而为了，奴隶们不健壮，气候恶劣，奴隶逃亡，不得不服劳役[①]；庄头一说出这些和其他许多原因时，要叫他算完成的工作量和雇用的人数。遇雨天，有雨天可以完成的工作：刷洗酒桶，涂上石脑油，整洁田庄，搬运谷物，送肥，积肥，清理种子，修理绳索，打新绳索；奴隶们应补缀自己的百结衣和短外衣。祭典日可以清理旧沟渠，修筑公路，削平棘丛，挖掘园地，清理牧场，扎枝，拔除荆棘，磨小麦，清除宅院。奴隶有病，就不应给他那么多食物了。一经心平气和地获悉这些情况，就要设法使留下来的工作得以完成，要查银、粮的账，为饲料准备了哪些东西；查酒、油的账，什么卖出去了，什么付款了，什么剩下了，什么是要出卖的；应该收足的，要收足；下欠的，要查核。年内缺少什么，要备办；多余的，要售出；需要包出去的，要包出去；想完成和想包给别人做的工作[②]，要吩咐，其书面文据，要保留。要关心牲畜，要进行竞卖；油价好时，要卖出；酒粮有余剩，要出售；老的

① 很可能指修筑公路，类似法国的 Corvée（徭役）。

② 罗马人有一些工作立契约包给别人去做，另有一些工作在监工安排下由田庄自己做，相习成风，并行不悖。

牛，衰老的牲畜，衰老的羊，羊毛，兽皮，旧车，旧铁器，老奴，病奴，以及其他什么多余的东西，要卖掉。庄主应当是有卖癖而不是有买癖的人。

三

庄主一进入青年时期，要渴望种田，要久久考虑建筑事宜，而种田则无须考虑，只需实行。年及三十六岁，如果地已种植[①]好，即应从事建筑。要这样建筑：不使庄院慨叹不如田产，也不使田产慨叹不如庄院[②]。庄主有建筑完美的田庄，有橄榄油仓、酒仓和许多酒桶，可以待善价而沽，这是有益的：它将带来财富、势力和光荣。应该有完美的压榨机，使工作能很好完成。橄榄果采集了，应立刻制成油，以免腐烂。要考虑每年大风暴袭来常常打落橄榄果。如果你很快捡起来并准备好压榨机，那么就不会有来自风暴的任何损害，而油也会变得较绿较好，如果在地上、在果床上搁置过久，就会腐烂，油也会变得气味不好。如果制作及时，从任何橄榄果都可以制出较绿的好油。在一百二十尤格的橄榄园中，如果橄榄树秧良好，培育得法，又加以密植，就应该有两台压榨机。压榨机应该是质量好和大小不一的，以便在磨盘坏时可以替换。各台应该有皮绳索若干，有六个机柄，十二个搭钩，和各自的皮带。用两条金雀

① 所谓种植，当系种植树木和葡萄。

② 见科路美拉《农业论》Ⅰ，6；但加图所说的庄宅（Villa）仅有两处，即住宅或宅院（Villa urbana）和做其他用途的田庄（Villa rustica）。

花枝纤维绳牵引希腊滑轮[1]：上边带八个齿轮，下边带六个齿轮，你就牵引较快；如果你要使用机轮，则牵引较慢，但用力却较少。

四

应该有好牛栏，好牲口棚，设置围栏的马厩，围栏与围栏中间应相隔一足[2]。这样，牛就不弄掉草料。要按财力建筑城市宅邸。如果你在良好的田产上建筑得当，布局得宜，如果你在田野居住舒适，你就更乐于频频前往；田产就会更好，更不辜负人，你就会收获更多；“前额优于后脑”——主人的眼光最重要[3]。要和睦邻里，不许家人冒犯。如果邻人高兴和你相见，你的东西就更容易售出，更容易包工，更容易雇工了。你要建筑，他们就会出工，出驮兽，出材料相助；遇到需要趋吉避凶[4]时，他们就会自愿地来保护你。

五

庄头的职责如下。庄头应执行良好的纪律，应遵守节日习尚。

---

① 希腊滑轮，古代用滑轮和绳子构成的机械起重装置，近似后世安装在柱子上用绳子和绞盘进行工作的滑轮组（block and tackle）。这种装置在古典作家中只有维特鲁维乌斯（Vitruvius）在《论建筑》X，2－5 中作过描述（虽然在别处也曾有人提到过）。又见胡哥·布吕姆纳《希腊罗马人工艺技术术语和专门名词》第 3 卷，112 页，附图。

② 足，即 Pes，等于 0.2957 米。

③ 这种朴素的治家格言，其内容，实际出现于所有论农业的作品中，并以某种形式几乎收入所有谚语名言中。其最流行的近现代形式，可能出自《理查德格言录》：“主的眼睛比他的双手更起作用。”参看科路美拉，Ⅰ，1，18；普林尼，《自然史》，XVIII，31。

④ 趋吉避凶，拉丁文作 bona salute，纯系一种咒语，用以避免表示灾祸的凶兆。

不要染指别人的财物，要用心保护自己的东西。要审理家奴的纷争。如果谁犯了什么过错，要根据罪情，适当惩处。勿使家奴遭不幸，勿令受寒，勿令忍饥；要善于使他们忙于劳动，这样就容易使他们不做恶事，不染指别人的财物。如果庄头不愿损害人，家奴就不会损害人。如果他容忍损害人，主人就不要听任他不受惩罚。应嘉许善行，使其他人乐于做好事。庄头勿从事游荡，要常淡泊自持，不要去别处吃晚宴，要使家奴忙于工作，要注意使他们完成主人的命令。不要认为自己比主人高明。要以主人之友为己友。主人命令听谁的就听谁的。祭祀要只在通衢神节日[①]于十字路口或炉灶前举行。不奉主人命，勿贷款于任何人。主人贷的款，要催还。种子、食物、小麦、酒、油，不得借给任何人。庄头要有两三户人家，可从之告贷，并贷给他们，此外不得贷给任何人。要常同主人算账。同一日工、佣人、锄地者，雇用勿超过一日。主人不知道，不要想买进任何东西，也不要想隐瞒主人任何事情。不要有任何寄食者。不要想求教于任何肠卜者、鸟占者、卜筮者、占星者[②]。勿损坏庄稼，因为那是不吉利的。要力求会干所有的农活，并且只要不致疲惫，就常常去干。干过农活，就会懂得奴隶们心里想什么，奴隶们也就会更加安心地从事劳动。如果庄头照此行事，他就会更不喜欢游荡，就会更加健康，更加睡得舒适了。要最先起床，最后就寝。就寝前要使田庄上锁，使各人都睡在适当的地方，使牲

---

① 本节日每年举行于十字路口，以敬通衢神。举行于农神节(Saturnalia)后不久，在执政官指定的十二月内的某一天或某几天内举行。

② 参看贺拉斯(《颂诗》，I，11)针对“玩弄巴比伦预算术”提出的警告，又其他许多人也提出过类似警告。科路美拉(I，8，6)则强调了这一警告。

口有草料。

要极其殷勤地照看耕牛，对牛倌们要稍加体贴，使他们更乐意照看它们。要保护好犁和犁铧。当心不要耕干旱地[①]，不要赶车也不要赶牲口到那里去。如果你不这样当心，赶到里面去，你会失掉三年的果实。要细心为牛羊垫草，要关心它们的蹄子，要预防家畜和驮兽长疥癣，疥癣通常是由饥饿和淋雨造成的。要及时完成所有工作，因为农事就是这样，你一件事做迟了，就一切都迟了。如果蒿草缺乏，可采集橡树叶，垫在牛羊脚下。要设法有一个大的肥料堆。要加意积肥。运出肥料时，要清除杂物并加以粉碎；要在秋季运出。要在秋季掘松橄榄树周围土壤并施肥。要及时剪掉杨树、榆树、橡树叶；要趁它们未十分干枯时贮存起来，作为羊的饲料。同样，再生草和从牧场割的草，要在干枯后贮存起来。秋雨后，要种植芜菁、饲料作物和羽扇豆。

六

种田时什么东西种在什么地方，应遵守者如下：田地肥美、膏腴、没有树木的地方，应做麦田，如该田云雾笼罩，应当种油菜、萝卜、玉黍，特别是黍稷。在肥沃温暖的土地上，要种植制果饯用的橄榄[②]，次种长橄榄、撒伦提尼橄榄、奥尔齐斯橄榄、波西亚橄榄、

---

① 干旱地(Cariasa)一词，可以从科路美拉(II，4，5)那里得到解释：“那是在一段长时间的干旱期后，一阵小雨淋湿地皮，但并没有渗下去时的情况。”这里反复加以叮咛。

② 对一些橄榄品种的描写，见科路美拉，V，8。罗马人娴于作物选植，他们培育了所有主要园艺作物和大田作物的一些独特的品种。

谢尔吉乌斯橄榄、考尔米尼乌姆橄榄和蜡白橄榄,特别要种人们说是当地最好的那种橄榄。橄榄要以二十五至三十足的株距进行种植。朝西和朝太阳的田地适于种橄榄,别的田地都不适宜。较寒冷和较硗瘠的田地,应种植利锡尼橄榄。如果你种在肥沃、温暖的地方,榨出的油,质量反而差,树也要因结实而枯竭,长红苔也是令人讨厌的。围绕土堤,围绕道路,要种榆树,并部分种杨树,为牛羊提供树叶,需要时还为主人提供木材。如果在这些地方有河岸或卑湿的去处,要在那里插杨柳枝,种芦苇丛。其种植方法如下:翻地两锹深,栽上芦苇的幼苗,彼此间隔三足,还要栽上野生石刁柏[①],从而生出龙须菜。因为芦苇丛同石刁柏颇相适应,因为人们都挖掘它们,烧它们,而且它们还可以到时候遮凉。要在芦苇丛周围种植希腊柳,使之成为你用以捆扎葡萄树的东西。

应该在什么地方种植葡萄,要遵守以下事项:在人们说是最适于种植葡萄和朝阳的地方,要种小阿米尼亚种葡萄[②]和双瓣花良种葡萄、小淡黄色葡萄。肥沃和雾气比较弥漫的地方,要种大阿米尼亚种葡萄、穆根廷种葡萄、阿皮齐乌斯种葡萄、卢卡努斯种葡萄。其他种葡萄,特别是杂种的,适于种植在不管什么地方。

七

最好将城郊田产种成树木园,既可以卖木柴,又可以卖枝条,

① 石刁柏(corruda)在公元五世纪(?)《草木志》84,Pseudo-Apuleius 词条下被认为即 the wild asparagus(野生天门冬),希腊语称之为 ὄρμινον 或 μυαικανδον,等等。

② 见科路美拉(III,2)关于葡萄品种的详细论述。在该书第九章中他又回过头来论述阿米尼亚种葡萄,并指出这些是“古人所知道的几乎仅有的一些品种”。

又可供主人使用。在同一地产中，应种植任何适宜的东西，种植许多品种的葡萄，种大、小阿米尼亚种葡萄和阿皮齐乌斯种葡萄。葡萄要保存在坛罐里的葡萄榨渣中。[①] 葡萄还可以妥善地保存在浓酒、酒酿和醨酒中[②]。要把那些硬皮阿米尼亚种葡萄悬挂起来晒干，或在炉火旁烤干作为干葡萄妥善保存起来。苹果，小榅桲，斯坎提亚种、奎里亚努斯种大榅桲[③]，以及其他可以糖渍的品种，甜苹果和石榴（猪尿或猪粪应当施在它们的树根处，作为这类果树的养料），可满握的大梨，安尼西亚秋梨（这些要贮藏在好浓酒中）[④]，他林敦梨，甜梨，葫芦梨，以及其他尽可能多的品种，要加以栽植和接种。奥尔齐斯橄榄、波西亚橄榄，它们最好趁绿保存在盐水中，或者切碎保存在乳香油中[⑤]，或者在奥尔齐斯橄榄一变黑或变干时就撒盐五天，然后抖去盐放在阳光下两天，或者不撒盐把它保存在浓酒中。山梨要浸在浓酒中或晒之使干。要使其枯干。普通梨也要同样做。

八

要在白垩地和空旷地种劣种无花果。亚非利加种、赫尔克里士种、撒贡特种、越冬种、长梗而色黑的泰拉种无花果，要种在比较膏腴和施过粪肥的地方，如果你有灌溉的牧场而不干燥的话，要任

---

① 见本书一百四十三，又瓦罗，I，54，2。

② 由葡萄皮做成的一种味淡泊而酸涩的酒；见瓦罗，I，54，3。

③ 见瓦罗，I，59，1 注 2。

④ 见瓦罗，I，59，3。

⑤ 这种乳香树的树脂，也可以对一些国家（加土耳其、希腊等）饮用的一种用蒸馏法制成的酒类作加味料使用。

刍草生长，勿令缺乏。在城镇附近，最好有种植各种菜蔬、各种编制花冠的花卉的园圃，要设法种植麦加里葱，黑白色的婚礼用爱神木，特尔斐种、塞浦路斯种月桂和野生的月桂，皮色光泽的阿比兰种、普莱内斯特种和希腊种胡桃。城郊的田产，以及仅有这种田产的人，要这样安排，这样栽种，种得尽可能巧妙。

九

多水、潮湿、阴影稠密、靠近河流的地方，宜栽种柳树。务求使其为主人所需，或可以出售。灌溉牧场，如有水，最好就经营灌溉牧场；没水，就经营尽可能多的干牧场。这是你不管在哪儿经营都有益的田产。

十

二百四十尤格地的橄榄园应作如下安排。庄头一名，管家一名，工人五名，牧牛人三名，驴夫一名，牧猪人一名，牧羊人一名，共十三人；牛三头，套鞍辔运肥料的驮驴三头，拉磨驴一头，羊百头；装备有挽轭的橄榄榨油机五台，盛三十夸德兰塔尔[①]的、带有锅盖的黄铜锅一个，铁钩三个，水壶三把，漏斗两件，盛五夸德兰塔尔的、带锅盖的黄铜锅一个，挂钩三个，小盆一个；橄榄油瓶两个，口径约五十指的水缸一口，水勺三个，水桶一个，盆一个，夜壶一个，脸盆一个，小盘一个，便壶一个，喷壶一个，水勺一个，蜡台一个，一

① 夸德兰塔尔（Quadrantol），容量单位，相当于六加仑。

舍克斯塔里乌斯容器[①]一个；大车三辆，带犁铧的犁六张，带皮条的挽轭三个，牛用驾具六套；铁齿耙一张，粪筐四个，粪篮三个，驮鞍三个，骑驴垫毡三块；铁制用具：铁叉八个，锄头八把，铁锹四把，铁铲五把，四齿耙两张，割草镰刀八把，芟镰五把，砍树镰刀五把，斧头三把，楔子三个，面粉磨一台，火夹子两把，大火筷子一把，小火炉子两个；橄榄油桶一百个，大缸十二个，盛葡萄渣桶十个，油渣[②]桶十个，酒桶十个，麦桶二十个，大羽扇豆缸一个，坛子十个，浴缸一个，澡盆一个，大水盆两个，各坛各桶的盖；驴磨一个，手推磨一个，西班牙磨一个，拉磨缰绳三条，碗橱一个，黄铜盘两个，餐桌两张，大长凳三条，寝室长凳一条，脚凳三个，椅子四把，高椅两把，寝室床一张，皮带床四张，床榻三张，木臼一个，漂洗臼一个，织布机一张，臼两个，捣蚕豆杵一个，捣小麦杵一个，捣种子杵一个，筛选果仁器一个，斗一个，半斗一个；褥八条，被一条，枕十六个，桌布十条，餐巾三条，奴隶用百结被六条。

十一

一百尤格的葡萄园应构成如下：庄头一人，管家一人，工人十人，牧牛人一人，驴夫一人，修剪柳树的一人，牧猪人一人，共十六人；牛两头，拉车的驴两头，拉磨的驴一头；全套压榨机三台，盛五次收获葡萄量八百库莱乌斯[③]的酒桶，盛葡萄渣的桶二十个，盛麦

---

① 舍克斯塔里乌斯(Sextarius)，液体或干物容量单位，等于一品脱。

② 榨过的橄榄出油后剩下的带有水分的渣滓，其用途见本书六十六、六十七、六十九、九十二、九十三、九十五至一百零一各节。

③ 库莱乌斯(Culleus)，液体或干物容量单位，相当于120加仑。

子的桶二十个，各自的桶罩和桶盖；金雀花枝编制的篓子六个，金雀花枝编制的双耳容器四个，漏斗两个，用柔条编制的滤酒器三个，酒霉过滤器三个，葡萄酒汁罐十个；大车两辆，犁两张，驾车轭一个，悬吊葡萄桶横木一根，驴轭十个，铜盘一个，拉磨缰绳一条，盛一库莱乌斯的铜锅一个，铜盖一个，铁钩三个，盛一库莱乌斯的黄铜平底锅一个，水坛两个，喷壶一个，盆一个，夜壶一个，脸盆一个，小水桶一个，小碟一个，水勺一个，蜡台一个，便壶一个，床四张，木凳一个，食桌两张，碗橱一个，衣柜一个，储藏柜一个，长凳六条，汲水辘轳一架，包铁斗一个，半斗一个，大浴缸一个，瓮一个，羽扇豆缸一个，坛十个；牛挽具两件，骑驴覆背毡三块，驮鞍三个，酒渣筐三个，驴磨三盘，手推磨一盘；铁器：割蒲苇镰刀五把，砍木材刀六把，砍树刀三把，斧五把，楔子四个，犁铧两个，铁叉十个，铲三个，锹四把，四齿耙两张，粪筐四个，粪篮一个，剪葡萄刀四十把，砍荆棘刀十把，小炉两个，火钳两把，长火箸一根；阿梅里亚[①]篮二十个，种植用篮或桶四十个，木锹四十个，收葡萄用器两个，褥四条，毯子四条，枕头六个，桌布六条，餐巾三条，奴隶用百结被六条。

十二

压榨房需要的东西。装配五个压榨木的压榨器五个，替换用压榨器三个，绞盘五个，替换用绞盘一个，皮带五条，滑车皮带五条，滑车十个，悬吊绳五条，上面放压榨器的小木桩五个，大瓦罐三

① 阿梅里亚（Ameria），今之阿梅利亚（Ameria），翁布里亚古城名，离台伯河不远。

个，压榨机操纵杆四十个，加固用柳木连杆四十根，压榨机支柱松开时可使之紧固。又，楔子六个，机磨五个，小木桶十个，槽子十个，木锹十个，铁镘刀五把。

十三

压榨房工作时需要的物品。水罐一个，盛五夸德兰塔尔的铜锅一个，铁钩三个，铜盘一个，兽拉磨①，筛子一个，绢筛一个，斧一柄，凳一个，酒罐一个，压榨房钥匙一把，供两个自由民看守人睡的铺好被褥的床两张（第三个人——奴隶要和压榨工人一起睡），新筐②，旧筐③，吊床绳一条，枕一个，灯④，兽皮一张，肉架一个，烤架一个，梯子一个。

酒窖需要以下物品。橄榄油桶，桶盖，大橄榄油缸十四个，大香料匣两个，小香料匣两个，铜勺三个，橄榄油瓶两个，水坛一个，口径五十指的水瓶一个，盛一舍克斯塔里乌斯橄榄油容器一个，小缸一个，漏斗两个，海绵两块，瓦罐两个，盛一乌尔纳⑤的容器两个，木勺两个，地窖门锁两个，秤一个，百斤秤砣一个，另其他秤砣若干。

十四

如果你要把从平地建筑新田庄工作包出去，承包人应从事以下工作。要遵命用石灰和粗石建造所有的墙，用有棱角的石头建

---

①②③④ 数字遗漏。

⑤ 乌尔纳（Urna），液体计量单位，相当于3加仑。

造石柱，制造所有需要的建筑材料，门槛，门侧柱，过梁，木椽，柱子，冬夏牛槽棚，马厩，奴隶小屋，肉架三个，圆桌一个，铜锅两个，家禽棚十个，炉灶一个，主人满意的大门和旁门各一个，窗户上二足见方的格子十个，百叶窗六个，足凳三个，椅子五个，织布机两台，捣麦小臼一个，漂臼一个，门框若干，压榨器两个。主人要为此事供应木材并交付工程必需的物品，锯一个，准绳一条（承包人只砍伐、刨平、破开和加工木材），石头，石灰，砂，水，麦秸，和泥的土。田庄遭到雷击，要根据公正人的仲裁办理。这一工程的价钱由及时供应所需并诚实付款的好主人偿付，每块瓦两个塞斯退斯。屋顶要这样计算：全瓦，缺四分之一的不全的瓦，两块算一块，檐槽瓦一块算两块；半圆筒瓦每块算四块。①

灰石结构田庄。基础要修到离地一足处，要修其他的边墙，安装需要的过木和门框。其他规定如灰石结构田庄。每块瓦价值两个塞斯退斯。在宜于健康、主人又好的地区，上面所提的这些价格，要根据情况增加；在夏天不能从事建筑的疫疠之地，慷慨的主人要加价四分之一。

十五

灰石、石子结构围墙。主人要提供工程所需要的一切，要修建高五足、带一足顶檐、厚一足半、长十四足的墙，要将抹灰工作包出去。如果将田庄的墙包出一百足，也就是每一方面十足，每足两个

① 这种奇怪的估计房价的方法，使学者们迷惑不解，因而他们提出了各种各样的纠正说法。半圆筒瓦（vallus）可在接合线上将两边的平瓦叠盖起来。

半胜利女神像银币[①]，又长十足厚一足的墙，十个胜利女神像银币。主人要建一足半的墙作为基础，并为工程每长一足供应石灰一斗，沙子两斗。

十六

要按以下条件以平均分担盈亏的方式将石灰交人烧制：烧制者准备窑，煅烧，从窑中取出石灰，砍劈烧窑所需的木柴。主人提供烧窑需要的石头、木柴。

十七

橡木，以及支柱材料，冬至一到，就适于采伐。其他结实的木材，实成熟时适于采伐。不结实的木材，脱皮时适于采伐。松树由于有绿而成熟的实（松柏的实在年内任何时候都可以采摘），在年内任何时候都是成熟和适于采伐的。松树上有两年生、实从其中掉落的球果，有一年生的球果。一年生的球果开始裂开时就可以采摘；它们在播种期间开始成熟，以后继续成熟到八个月之久。当年的球果是绿的。榆树落叶时，适于再采伐。

十八

如果你要建造装有四台压榨机、使压榨机的出口相向的压榨房，可将压榨机配置如下：压榨机立柱粗二足，高九足，有榫，榫眼

---

① 胜利女神像银币（Victoriatus），在瓦罗时代，约值 1/2 登纳里乌斯（denarius），即 8 分或 4 便士。

凿长三足半，宽六指。第一个榫眼离地一足半，立柱和墙之间相距二足，两立柱之间相距一足，立柱直达前立柱相距十六足。前立柱粗二足，连榫在内，高十足，绞盘不连榫九足，压榨木二十五足，其中雄榫长二足半，供两台压榨机连同两个管道用的碎石加灰泥场地三十足，供四台压榨机磨左右用的碎石加灰泥场地二十足，在两个前立柱之间，压榨机操纵杆占地二十二足，另外一对压榨机，从末一根前立柱到立柱后面的墙遥遥相对二十足：有四台压榨机的压榨房，共宽六十六足，长五十二足。墙之间，要有安置立柱的地方，要打好深五足的地基，中铺碎石，整个碎石台座长五足，宽二足半，厚一足半。要在这里为压榨机的两只脚柱凿穴眼，将立柱的脚安在石中。在两个立柱之间空余的地方，填充橡木，灌以铅水。要叫立柱顶部高出六指，安装橡木柱头于其上，以便前立柱安在那里。要打五足的地基，中铺石子长二足半，宽二足半，厚一足半，使之平坦，将前立柱安装在上面。另一个前立柱也同样安装。要将平滑的横梁，安装在立柱和前立柱上。横梁宽二足，厚一足，长三十七足。或者，如果没有坚固的横梁，就安装双梁。在这些横梁下面，在管道和压榨机磨所在的墙边之间，要安装长二十三足半、厚一足半的小横梁，或者不安一个而安两个小横梁。在这些小横梁上安装放在立柱、前立柱上的大横梁；要在这些椽梁之间修墙，将墙和木材联结起来，使有充分的承载力。在你建筑台座的地方，要打深五足、宽六足的根基。要将台座和管道建成直径四足半的圆盘形，要将其余的整个碎石灰泥场打二足深的根基。先夯实地基，然后铺一层一足半的小块粗石和掺砂的石灰。要以下述方法铺碎石灰泥场：平好地面，先铺一层碎石和掺砂的石灰，夯固，再铺同样

的一层；上面铺二指厚的用筛子筛过的石灰，铺设成干砖地面。铺好后，修平，琢磨，使场面良好。要做橡木或松木的前立柱和立柱。如果你要做较小的横梁，就要修好柱外的管道。如果你这样做，就需要二十二足的长梁。要用橡木燕尾榫按照布匿式榫合法做成直径四足、厚六指的橄榄压榨机轮盘。你把它们一安装在一起，就用山茱萸木楔揳紧，把三个横杆安在那个轮盘上，用铁钉将横杆同轮盘钉在一起。轮盘要用榆木或榛木做成。如果两者都有，要任选其一。

十九

如果安装的是葡萄压榨机，要使立柱和前立柱再高出二足，立柱上的孔眼要相距一足远，要为一个扣钉留出地方。要在绞盘上打六个半足见方的孔眼。要在距枢轴半足处打第一个孔，其余的孔按相等的距离分布。挂钩要装在绞盘中部。要叫立柱之间的中心同绞盘的中心相对应，挂钩应该固定在这里，以便压榨木正好安在中间。你制造雄榫时，要从压榨木中心进行测量，以便雄榫恰好处在立柱之间，要留出一大拇指的空隙。压榨机操纵杆最长的十八足，其次的十六足，再次十五足；松紧棍十二足，其次十足，再次八足。

二十

应照以下方式装置榨油磨。位于圆柱中心的小铁轴，应使垂直地站在中间，周围用柳木楔很好地加固，里面灌上铅水，以免铁轴摇动。如摇动，要将它取出，再以同样方式装置，不使摇动。要用奥尔齐斯种橄榄木做橄榄油磨盘中的轮轴，周围灌铅，避免松弛。要将轮轴装置在槽中。要制作宽一大拇指的坚固的轴瓦，要使它们两边有边缘，把它们用双层的钉子钉起来，不让它们掉落。

二十一

要做长十足的槽，厚度符合轮轴的要求，要使中心恰好在磨盘中间。要按小铁轴的直径在槽的中心钻一孔，使小铁轴能够装进去。要将铁管装在其中，使之适合铁轴和轴槽。要在轴槽之间左右各钻孔宽四个指头，深三四个指头，在轴槽的下面，要钉上穿孔的适合小铁轴的铁板，轴槽宽度要和铁板中部相等。穿孔后要用金属片左右包缠起来。要在轴槽下部将四个金属片全部弯回来。要把金属片分左右放在很小的薄金属片下面。要将它们彼此钉在一起，以免使孔眼扩大，要将小轴放入其中。在轴放进轴槽的地方，要分两边各自相对地用四个铁制筒形瓦给钉上，要用小钉钉筒形瓦的中间。要在筒形瓦的上面从外面给轴穿孔，使栓通过其中，封锁磨盘。在孔洞的上面装置宽六指重一利布拉[1]、两面穿孔、栓从中通过的铁箍。这一切都是为了不使轴在石盘上磨损。要做四个铁环，把它们箍在磨盘周围，以免轴和栓在内部磨损。轴要用榆木或山毛榉木制成。需要的铁制品，要叫同一个工匠来钉；需花六十个塞斯退斯。要用四个塞斯退斯购买灌轴用铅。给安轴装轴槽灌铅的工匠至少八个塞斯退斯，该工匠应调好榨油磨。全部费用，不计助手的费用，七十二塞斯退斯。

---

① 利布拉(libra)，古罗马重量单位，合 12 盎司。

二十二

榨油磨应以下述方式调好。要测量好，使之距边缘等距。应使磨盘距底盘一小指。应不让磨盘和底盘有任何摩擦。磨盘和圆柱之间要相距一指。如果间隙较大，磨盘离得过远，就要用绳围绕圆柱紧紧地缠几遭，填满过多的空隙。如果磨盘较深，底盘在下面过多磨损，就要将钻孔的木圆盘放在轴的圆柱上，以此来调节深度。要同样用小木圆盘或铁垫圈调节宽度，直至调节合适为止。

压榨机磨以四百塞斯退斯和五十利布拉橄榄油在苏埃萨地方购买，安装费六十塞斯退斯。牛驮运，六人，六天的工作，加上牧牛人，七十二塞斯退斯；做好的木轴七十二塞斯退斯，橄榄油二十五塞斯退斯；总计六百二十九塞斯退斯。在庞培城买一套三百八十四塞斯退斯，运费二百八十塞斯退斯；在本地装配调准更好，需花费六十塞斯退斯：总计七百二十四塞斯退斯。如果你将磨盘装在旧压榨机磨上，中间要有厚一足三指、深一足[①]、半足见方的孔洞。运来磨盘时，要根据压榨机磨加以调整。这些可以在鲁弗里乌斯的葡萄园以一百八十塞斯退斯买到，安装费三十塞斯退斯，价格与在庞培城购买相同。

二十三

要做好收获葡萄所需要的准备工作。遇雨天要刷洗容器，修

① 体积大小不匀称使施奈德(Schneider)想到原文有误；参看本书一三五节关于稍次的磨的说明。

补筐篮，涂石脑油，给需要的酒桶涂石脑油；购置篮子，修补篮子，磨面粉，买咸鱼，腌吹落的橄榄果，要及时采集杂种葡萄，采集工人饮的未熟先摘的葡萄。每天将干葡萄清洁地、平均地分装在酒桶中。必要时，要在新酒中加入四分之一的葡萄汁，加入的葡萄汁应从未被人踩过的葡萄中熬出，或在一库拉斯酒中加入一磅半盐。如果你加入大理石粉，一库拉斯酒加一磅；要将它放在水罐中，和葡萄汁混合，然后将它放入酒桶中。你如加松脂，要研磨得很碎，一库拉斯葡萄汁中加三磅，然后放在篮子里，将篮子悬在葡萄汁桶中；不断摇动它，使松脂溶化。一放入浓酒或大理石粉或松脂，就要在二十天内经常搅和，每天压榨。第二遍压榨的二等葡萄汁，要分装并平均加入到各自的酒桶内。

二十四

希腊葡萄酒应照以下方式做成。要采摘完全成熟了的阿皮齐乌斯种葡萄果，每一库拉斯葡萄汁加入两夸德兰塔尔陈海水或一斗纯盐。如果使用的是纯盐，要把盐放在小篮中，让盐在葡萄汁中溶解。如果你要做微黄的酒，就要放入一半微黄酒，一半阿皮齐乌斯酒，并加三十分之一的老浓酒。如果你要煮浓任何葡萄酒，要加入三十分之一的浓酒。

二十五

葡萄成熟采集的时候，要首先供家人食用。要注意采集完全成熟的和干了的葡萄，不要使酒丧失名誉。要用网床或为此准备筛子每天筛选出新鲜的葡萄皮。要将它们放在涂石脑油的酒桶或涂石脑油的酒槽内用脚踩实，命人将它们封好，冬天喂牛吃。如果你愿意，可从中渐渐泡一些，叫它成为奴隶们喝的次酒。

二十六

葡萄收获完了，要吩咐将压榨机、筐篮、绳索、支架、搭钩等各收藏在适当的地方。盛酒的桶要每日洗刷两次。务必为此使酒桶各有自己的小刷子，用以清刷酒桶桶口边缘的周围。采集后第三十天，将葡萄籽粒去好后，要将桶封上。如果你要从酒渣中榨酒，这时是做此事最好的时间。

二十七

要种苜蓿、野豌豆、葫芦巴①、蚕豆、巢菜，作为牛饲料。要种第二茬和第三茬，然后种其他作物。要在休耕地上为橄榄、榆树、葡萄树、无花果树挖坑，在播种时期②栽植。如果地干，就在播种时期栽植橄榄树③，而以前种的，这时要修剪幼枝，并锄松周围的土壤。

二十八

栽种橄榄树、榆树、无花果树、苹果树、葡萄树、松树、柏树时，

① 葫芦巴(Trigonella Faeneo-Graecum)，一年生豆科植物。

② 科路美拉规定播种时期为“10 月 24 日到冬至时”。瓦罗(I,34)提出了同样的时间。

③ 参看本书二十八、三十二、四十一、四十二、四十四、四十五、四十九、五十一、五十二各节；瓦罗，I,40；科路美拉，V,9。

要很好地将它们连根带尽可能多的泥土取出，并周围加以捆扎，以便搬运；要吩咐将它们放在桶内或筐篮内运走。要谨防在风天或雨天刨树或搬运，因为这是要特别加以避免的。把它们放在坑内时，要用最好的土垫底，将土盖到根的底部，然后用脚踩好，再用夯和杵尽可能好地夯实；这一点是非常重要的。粗于五指的树，要先剪去树梢然后栽种，要用粪涂切断面，用树叶捆扎起来。

二十九

要依以下方式施肥：将一半肥料运往种植饲料的田地，如果那里有橄榄树，要同时锄松树根周围的土壤和施肥，然后种植饲料。特别需要的时候，要将四分之一的肥料施在锄松树根周围土壤的橄榄树周围，并用土将肥料覆盖。另四分之一的肥料留给牧场，特别需要时，西风一吹来①，就趁月光朦胧时运出。

三十

要给牛榆树、杨树、橡树、无花果树树叶吃，直到这些树叶没有时为止。要给羊绿叶吃，直到绿叶没有时为止。你要在哪里播种，就把羊关在哪里；要给它们叶子吃，直到饲料成熟的时候。冬贮干饲料，要尽量多多保存。要考虑冬天时间有多长。

三十一

要准备收获橄榄所需物品。柔条长成了，柳条长成了，要及时

---

① 西风一吹，预报春天来到。瓦罗(I，28)把这一日期说成是 2 月 7 日。参看本书五十。

采集，用来编新筐篮，补旧筐篮。要将做搭钩的干橡木、干榆木、干胡桃木、干无花果木浸在粪中或水中，需要时用之做搭钩。要准备橡木、枸骨叶冬青木、桂木、榆木操纵杆。要优先用黑千金榆做压榨木。你刨榆木、松木、胡桃木等所有这种那种木材时，要在月亏期午后没有南风时弄出。实成熟了，就可以采伐，要避免在有露水时搬运和刮削木材。没有种子的木材，当其外皮脱落时，正是砍伐的时候。南风吹起时，如无必要，不要触动木材，也不要触动葡萄树。

三十二

要及早开始修剪葡萄和树木。要使葡萄在畦沟中繁殖。要尽你所能，把葡萄枝引向上方。要这样剪树，使你留下的枝条有间隔，要剪得合适，不要留得过密。要让葡萄枝长好节瘤[①]；要竭力避免使葡萄枝向下，不要把枝条捆得太紧。要叫葡萄藤很好攀援在树木上[②]，要在树木附近栽植足够多的葡萄树。如果什么地方需要，就从树木上把它弄下来，用曲枝法把葡萄蔓压在地下。两年之后，把它与旧枝剪开。

三十三

要依以下方式料理葡萄园。要将节瘤长得好的葡萄蔓捆直，不使弯曲。要常常尽量把它们引向上方。要准确地留下结葡萄的

---

① 节瘤是葡萄蔓隆起长新芽的结节处；它对发芽（维吉尔：《农事诗集》，II，74—75）或对劈接（科路美拉，IV，29，8—9）来说，都是十分重要的。

② 即支撑攀援的葡萄藤。见本书二，注。

嫩枝和保留的枝子[①]。要使葡萄蔓长得尽量高，并将它们捆好，捆到不过分的程度。要这样加以照料。播种期要锄松葡萄树周围的土壤。要在剪短的葡萄树周围挖沟，要开始耕地，要来回耕出永久的沟。要尽早栽种嫩葡萄蔓，耙松周围的土壤；旧蔓要尽量少剪，如果需要，最好是压在地下，两年后剪开。新葡萄蔓长壮了才是适合修剪的时候。如果葡萄园的葡萄植株种得稀疏，要在中间挖沟，栽上生了根的插枝，不要让沟上有阴影，要多次翻地。在老葡萄园里，如果土壤硗瘠，可种植苜蓿（不要种植结实的东西），要在葡萄树根周围施肥料、蒿草、葡萄渣，或任何可以使葡萄树更加茁壮的东西。葡萄开始叶密时，要修剪叶子。要多次捆扎新葡萄，以免葡萄藤折断。已经爬到杆上的，要把它的嫩枝轻轻捆扎并加以整理，使它们照直伸展。葡萄开始变色时，要在下面将葡萄枝加以捆扎和修剪，使葡萄露在外面，刈除葡萄树周围的草。

要及时砍伐柳树，剥掉树皮，紧紧地捆绑起来。要将树皮保存好，葡萄园需要时，将其中一些浸泡在水中，用来做捆绑枝条的绳子。要把编篮筐的柳条保存起来。

三十四

现在回来谈谈播种问题。凡最寒最潮湿的地方，要首先播种。在最温暖的地方，应最后播种。切忌耕种仅地皮湿而实干旱的土地[②]。红土地、黑土地、硬地、多石地、多砂地以及缺水的地，种羽

① 科路美拉把它说成是截短了的残株，使之抽枝，以代替在其附近可能枯死的树株。

② 见本书五关于干旱地的注释。

扇豆[①]为好。白垩地、潮湿地、红土地和多水的土地,最好种斯佩尔特小麦。干燥无草、无阴影的开阔土地,要在那里种优质小麦。

三十五

要在有地力、不爱闹灾的地方种蚕豆。要尽可能少地在多草的地方种野豌豆和葫芦巴。冬小麦和优质小麦应种在阳光照耀得最久的开阔的高地上。扁豆要种在多石、红土质和草不多的地方。新开辟的土地,或者可以连年种植的土地,要种大麦。在不能播种正常作物而很肥沃的土地上,应种春小麦。萝卜、大头菜以及小萝卜,要种在施好肥或肥沃的土地上。

三十六

给作物施的肥料。鸽粪要撒在牧场,或者园地,或者庄稼地中。要把山羊粪、绵羊粪、牛粪以及其他一切粪肥用心保存起来。要把油渣撒在或浇在树旁。围绕大树根,施肥一安福拉[②],小树根施肥一乌尔纳,各掺水一半。要先浅浅锄松周围的土壤。

三十七

于作物有害的事:耕种表面稍湿而实干旱的土地。鹰嘴豆对土地有害,因为它收获时连根拔,且含盐太多。大麦、葫芦巴、巢菜以及一切连根拔的作物,都吸干田地的水分。不要把橄榄核埋在

① 羽扇豆,豆科植物,可广泛地用作饲料。见科路美拉,II,10,1。

② 安福拉(Amphora),液体计量单位,相当于六加仑,两乌尔纳。

庄稼地里。

肥地的作物：羽扇豆、蚕豆、野豌豆。

用以制造肥料的东西：蒿草、羽扇豆、麦秸、蚕豆秸、麦糠、冬青叶、橡树叶。要拔除地里的矮骨木、毒芹，以及柳树周围的深草和石莼；用这种叶子垫羊圈，用腐烂的叶子垫牛圈。筛选部分橄榄核，扔在坑中，加水，用搅灰浆器搅和好，然后将泥浆施在锄松了土的橄榄树的周围。橄榄核烧成灰也要施在其中。如果葡萄蔓不茁壮，就将它的嫩枝切成小段，犁地或挖坑埋在葡萄蔓周围。

冬天夜晚要做这些活计：把你日前放在屋里的方柱圆柱，干后加以劈削，捆成小火把；运出肥料。除非在两个朔望之间和上下弦的时候，勿动木材。你从地里刨树或伐树，最好在满月过后第七天。除非木材干了，或者不冻不湿，千万不要削平，也不要砍伐它们。要为谷物锄地除草两次，清除野燕麦。要将修剪下来的葡萄蔓和树枝运走，捆成捆，把葡萄枝和无花果木柴堆到炉灶旁，把棍棒给主人垛起来。

三十八

要盖十足宽、二十足高的石灰窑，顶部要缩到三足宽的程度。如果你用一个窑门烧火，要在里面挖一个大坑，使有足够容纳柴灰的地方，免得还要把灰运出去。要把灰窑建好。注意使炉箅覆盖全部炉底；如果你烧两个窑门，就无需炉坑。要把柴灰运出时，可从一个窑门出，另一个窑门烧火。注意不要使火中途熄灭，黑夜和任何其他时刻亦然。要用尽可能白、尽可能一致的好石头装窑。你盖灰窑时，务使窑口弯向下面。坑挖得足够深时，就可以为灰窑打地基，要叫它尽量深，尽量避风。如果没有盖深窑的地方，那么盖的时候，就要用砖[1]盖顶部，或者用粗石和泥浆从外面涂抹顶部。点火时，如果有火苗从圆顶以外的地方冒出，就要涂泥浆。务必不要使风吹到窑门，特别不要叫南风刮到这里。上面的石头一烧好，整座窑里的石头也就都烧好了。同样，最下面烧好的石头掉下来，火苗冒烟较少，这都是信号。

如果柴棍不能卖出，也没有烧灰的石头，你就要将木柴烧成炭，用不着的多余的枝蔓，可在田地里烧，在烧的地方种植罂粟。

三十九

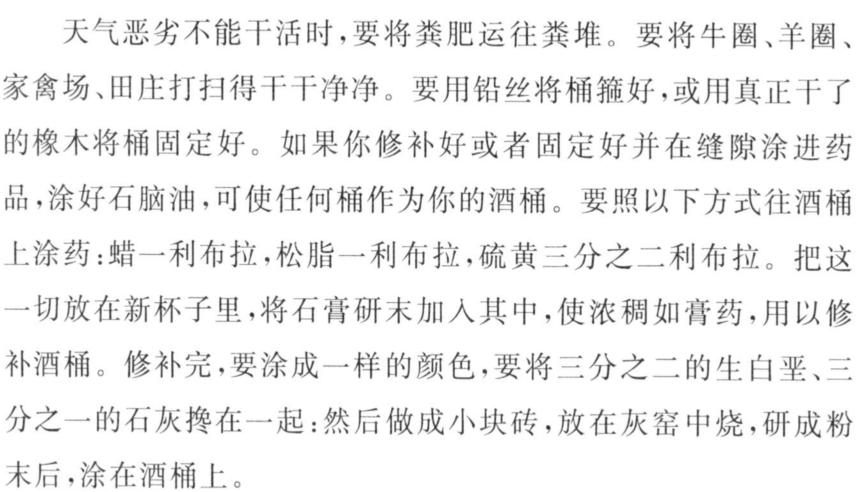

天气恶劣不能干活时，要将粪肥运往粪堆。要将牛圈、羊圈、家禽场、田庄打扫得干干净净。要用铅丝将桶箍好，或用真正干了的橡木将桶固定好。如果你修补好或者固定好并在缝隙涂进药品，涂好石脑油，可使任何桶作为你的酒桶。要照以下方式往酒桶上涂药：蜡一利布拉，松脂一利布拉，硫黄三分之二利布拉。把这一切放在新杯子里，将石膏研末加入其中，使浓稠如膏药，用以修补酒桶。修补完，要涂成一样的颜色，要将三分之二的生白垩、三分之一的石灰搀在一起：然后做成小块砖，放在灰窑中烧，研成粉末后，涂在酒桶上。

雨天，要思索田庄中有什么工作可做。不要无所事事，要进行扫除。如果无事可做，也可考虑将来的开支。

[1] 所谓砖，实际是黏土搀麦秸晒干的砖坯。

四十

春天，要做下列诸事。挖好沟渠，为苗圃和葡萄种植翻地，繁殖葡萄树，在肥沃和潮湿的地方种植榆树、无花果树、苹果树、橄榄树。无花果树、橄榄树、苹果树、梨树、葡萄树，应在午后、无南风、月朦胧时种植。橄榄树、无花果树、梨树、苹果树，要按以下方式种植：将你要种植的枝子截下来，要稍微倾斜一点，使水流下。截下时，不要破树皮。取一硬树枝，削尖一头，把一希腊柳条劈开。把陶土或白垩、少许砂土和牛粪很好地混合在一起，要尽可能使之有黏性。取劈开的柳条，捆扎砍下来的树枝的，不让树皮破裂。这样做了之后，把削尖的硬树枝插到树皮和树干之间处，插二指尖深。然后取你要嫁接的那个嫩枝，将它一头斜着削尖二指尖。把插进去的干树枝取出，将你要的嫩枝插进去。要使树皮对着树皮，把削过的地方都插进去。第二、第三、第四个嫩枝也照样嫁接，愿意嫁接多少就嫁接多少。希腊柳条要缠绕得厚一些，嫁接处用混合好的泥浆涂三指厚。上面要用牛舌草[①]覆盖，这样，即使下雨，水也不会流入树皮。要用树皮将牛舌草捆好，不使掉落。最后用草将嫁接处包裹捆扎好，以防冻坏。

四十一

葡萄嫁接一是在春天，一是在葡萄开花的时候，头一个时候是

① 普林尼(《自然史》，XVII，112)引用这一段时，只说它是“一种植物”。Ps. 阿布莱乌斯《草木志》42 篇说它得名(和希腊语 buglossa〈牛舌草，紫草科植物〉一样)“于它有牛舌形粗叶”，在缺乏科学界说的情况下，把它视同英文的 Ox-tongue，恐怕是危险的。

最好的。梨树和苹果树嫁接在春天，在夏至五十天内和葡萄收获期。橄榄树和无花果树嫁接在春天。葡萄树要按以下方式嫁接，将要嫁接的葡萄枝剪下来，通过枝心劈开它的中部；将要嫁接的削尖的嫩枝插进去，枝心对着枝心。另一种嫁接方法是：如果葡萄枝和葡萄枝相接，将每一个嫩枝的一端斜着削尖，用树皮将枝心对着枝心彼此捆在一起。第三种嫁接方法是：用钻在要嫁接的葡萄树上钻一孔，将你要嫁接的葡萄树的两根嫩枝斜切后用力插进去直至枝心。要将它们枝心对枝心，在所钻的孔的两边，一边一根。[①]要使这些枝子各长两足，让它们垂到地上，再折向种株的上部，要用枝杈将种株的中部固定在地上，盖上土，将它们都涂上和好的泥，加以捆绑和覆盖，方法同前面叙述的嫁接橄榄树的方法一样。

四十二

嫁接无花果树和橄榄树的另外一种方法是：用小刀在你所要的那个品种的无花果树或橄榄树上去掉一块皮，从你要嫁接的无花果树上取一块带芽的皮，然后把它贴附在前一棵无花果上去皮的地方，使之大小合适。要使树皮长三指半，宽三指，最后加以涂抹和覆盖，方法如嫁接其他树的方法。

四十三

如果地湿，沟应挖成槽形，上部宽三足，深四足，底宽一足零一

---

① 约两个世纪后，科路美拉在谈到葡萄嫁接法的一个长篇章节中把一种有些近似的压条繁殖法（《农业论》，IV，29，7，13－4；参看《论树木》8，3－4）描写为尽管在古人中很常见，但当时却很少实行。

掌。要铺设石块，没有石块，铺交叉排列的绿柳杆；没有柳杆，铺捆好的枝子。然后刨深三足半、宽四足的栽植坑，要让水从坑内流向沟渠，橄榄树就这样种植。栽葡萄用的沟渠和压条坑[①]，深度要不少于二足半，宽亦如之。如果你愿意你种的葡萄树和橄榄树长得快，应该每月一次翻松沟渠和橄榄树根附近的土，月月如此，直至三年。对其他树木也要这样做。

四十四

橄榄园要在春分前十五日开始修剪。要从这天起十五天内将它们修剪好。要按以下方式修剪：如果那里土地非常肥沃，要将枯干和任何被风吹断了的橄榄树，全部予以拔除；如果那里土地不肥沃，要砍掉更多，并加以耕耘。要清除葡萄干的结节，使之光滑。

四十五

要将你准备栽在树坑中的橄榄树秧[②]截成三足长并细心加以处置，不使在修剪或切割时划破树皮。你准备栽植于苗圃中的树秧，要叫它长一足，要按以下方式栽种。地要翻两锹深，土地要很软很松。栽秧时要用脚踩。如果深入不够，要用槌子或大槌打入：打入时，要避免使树皮破裂。不要先用木棍钻洞。如果你能使树秧直立起来，它就会活得更好。树秧一栽满三年，树皮一变绿，树秧就最后成熟了。如果你种在栽种坑或沟渠里边，要放三棵秧在

---

① 科路美拉(III,13)对于挖坑和开渠作过详尽的描述。

② 将树干或粗枝，砍成或锯成长一至三足的树干或枝条，栽植后即生根。

一起，要让它们有间隔距离，不要使树秧突出地面超过四指。你也可以种根茎。

四十六

苗圃要按以下方式建立。要尽量选择最好、最开阔，而且很好施过肥的地方；土地的种类，要尽量近似你准备向该处移植树秧的土地，其位置不要离栽种树秧的地方太远，要将这块地翻至两锹深，要清除石块并在周围砌好围墙，成排栽植，一足半见方种一棵树秧，用脚压入土中。如果不能压入，就用木槌或大木槌打入。要让树秧突出地面一指，并在树秧顶端涂牛粪，要在树秧附近放一个明显的标志。如果你希望树秧迅速生长，就要经常除草。其他树秧也照这种方式栽植。

四十七

要按以下方式栽植芦苇：要按三足间隔分植幼根茎。

葡萄苗圃要以同样方式经营与栽植。葡萄生长到两年时，要加以修剪，到三年时，要移出。如果你要在栽植葡萄的地方放牧牲畜，就要在将藤蔓绑在树上之前，先修剪三次。藤蔓有五个节瘤生芽了，就将它们绑在树上。

每年要种葱一畦，那样每年就有你要移植的东西了。

四十八

要按照经营橄榄苗圃的同一方法经营果树苗圃。要分开来栽种每种树秧。种柏树籽的地方，要翻地至两锹深。要当春初播种。

要做成宽五足的畦垄[①]，施细肥于其中。要除草，要将土块打碎，做成平坦的梢带凹形的畦垄。然后像播种亚麻那样密播种子，要用筛子筛一指厚的土壤于其上，用木板或脚将土壤整平；周围插上带叉的木棍，木棍上张上木杆，木杆上放置葡萄枝或无花果枝的编织物，防御寒冷和日光，要使人可以在它下面往来行走。要屡次刈草，草刚一露头，就将它拔掉。因为如果你拔除已长强壮了的草，就会一起拔出柏树苗。

梨树和苹果树籽也以同样方法插种和遮盖。松子如不像大蒜那样种植，也以上述方式种植。

四十九

如果你要移植老葡萄蔓于其他地方，它得长到粗一手臂时才行。首先要加以修剪，要留幼芽不多于两个。要挖到根部，很好地连根刨出；要注意不使根部受伤，要照原样放入土坑或犁沟中；要用土加以覆盖，并很好踩踏，要像移植前那样栽植、捆绑和折弯藤蔓，要经常挖松土壤。

五十

牧场要在早春、月色朦胧时进行施肥。西风开始吹起时，在你关闭牧场时，要加以清扫，并将一切恶草连根刨出。

修剪完葡萄蔓，要立即把劈柴和干枝堆成堆。无花果树要间

① 参阅瓦罗，I，29，3："两块耕地之间的地方高出的土地，叫做 Porca（田塍或畦垄）"，意为提供谷物的地方，由 porricit（提供）一词而来。

除嫩枝，而葡萄园中的无花果树要修剪得高，不让藤蔓攀到它上面。要建立新苗圃，修理旧苗圃。要在开始挖掘葡萄园之前进行这些工作。

一奉献过并吃过祭品，就要开始春耕。要先耕最干燥的地方；最后再耕最肥沃、最潮湿的土地，只要它们还不曾变得坚硬起来。

五十一

果树和其余树木的压条繁殖法。要将从地下由树木生出的嫩枝压入土中，并令其顶端竖起，使之生根①；过两年后，将其掘出再行移植。无花果树、橄榄树、石榴树、榅桲以及其他所有苹果树、月桂、爱神木、普莱内斯特种胡桃树和悬铃木，所有这一切，都要以同样方式用压条法从根部繁殖，然后从地里刨出，进行移植。

五十二

你愿意更加细心用压条法繁殖的东西，应在多孔的陶盆或筐篮中进行繁殖，并连同它们一起移植于坑中。为使它们在树上生根，应将陶盆穿孔；要使你愿其生根的枝子通过盆底或筐篮穿出来；要将此筐篮或陶盆填满土壤踏好，将它们留在树上。到两年后，剪去筐篮下面的枝子。要将篮底完全切去；如果是陶盆，就将它砸碎。要连同此筐篮或陶盆一起埋于坑中。压葡萄也用此法，一年后，将其剪下，连同筐篮一起栽植。任何你愿意要的品种都可以用此法进行压枝。

① 科路美拉(《论树木》7)详述了三种压条繁殖法，其中包括本章所述繁殖法。

五十三

干草要及时刈割，注意不要割得太晚。要在草籽成熟以前刈割。最好的干草，要另行堆放。春季耕田时，在喂耕牛三叶草类之前先以此喂食。

五十四

应按下述方法为牛准备饲料喂饲料。你一结束播种工作，就应该准备并采集橡实，置于水中，然后每天给每头牛半斗吃；如牛不劳动，最好是放它吃草，或喂你存放在缸中的葡萄渣一斗。白天放牧，夜里每头牛喂干草二十五利布拉。没有干草，就喂橡树叶和常春藤叶。小麦秸、大麦秸、豆荚、野豌豆和羽扇豆荚，以及其余谷物的荚秸，要堆置起来。堆置搀有很多杂草的蒿草时，要堆到屋内，撒上食盐；然后用它代替干草喂牛。春天开始喂牛时，就给橡实或葡萄渣一斗，或浸泡过的羽扇豆一斗，干草十五利布拉。三叶草类一成熟，就先喂三叶草。要用手薅，手薅还可再生长；用镰刀割，就不再生长了。要不断给三叶草类吃，直到它们干了的时候：就得这样节约。然后喂野豌豆，然后喂稗草，喂稗草后再喂榆叶。如果有白杨树叶，要掺和进去，使榆叶足用。榆叶喂光，喂橡树和无花果树叶。好好照料耕牛是最有益不过的。放牧耕牛只应在耕牛不耕田的冬季。因为它们吃了青草，就总想吃它，因此必须有口笼，使它们在耕田时不掠食青草。

五十五

薪柴要给主人堆到放木柴的地方。橄榄树枝、树根，要在露天下堆成垛。

五十六

给奴隶的口粮。做农活的，冬季每人小麦四斗，夏季四斗半；庄头、管家、监工、牧羊人三斗，带足枷的犯奴[1]冬季每人面包四利布拉；开始刨出葡萄树时五利布拉，直到无花果下来时为止，再恢复到四利布拉。

五十七

给奴隶的酒。葡萄收获一完，让他们喝三个月的次酒；第四个月每天喝一赫明那[2]，亦即每月喝两个半康吉乌斯[3]；第五、六、七、八月，每日一舍克斯塔里乌斯，亦即每月五康吉乌斯；九、十、十一、十二月，一日三赫明那，亦即每月一安福拉。此外，农神节和通衢神节，每人三个半康吉乌斯。一年内每人的全部酒量是七夸德兰塔尔。带足枷的犯奴，要按他们所做的不管什么工作相应地增加；他们每年十夸德兰塔尔，也不算过多。

五十八

给奴隶的副食品。要储藏尽量多的落地橄榄果。然后储藏那种可从中榨出很少油的成熟的橄榄果，妥加保存，使之尽量持久。

---

① 参见科路美拉，I，8，16。田间劳动者，特别是难以制驭的，被枷在一起，夜间关在地牢，即 ergastutum 中。

② 赫明那（Hemina），液体计量单位，相当于半品脱。

③ 康吉乌斯（Congius），液体或干物计量单位，相当于六品脱。

橄榄果一用完，就给他们腌制品和醋。要每月每人给油一舍克斯塔里乌斯，每人每年给食盐一斗就够了。

五十九

给奴隶的衣服。短袖束腰紧身衣长三足半，粗布短外套隔年一换。每次发给任谁紧身衣和外套时，要先将旧衣收回，以便用之制作百结衣。应每隔一年发一双结实的木履。

六十

给每对牛一年的定量饲料羽扇豆一百二十斗，或橡实二百四十斗，干草五百二十利布拉，三叶草类……，[①]蚕豆二十斗，野豌豆三十斗。此外要注意为积蓄谷物而播种足够的野豌豆。种饲料时，要播种多茬。

六十一

怎样种好田地呢？很好地耕地。其次呢？还是耕地。第三呢？施肥。

翻耕橄榄园耕得最勤最深[②]的人，会将最纤细的根耕出。如果耕得不好，树根就会在上面露出，变得更粗大，橄榄树的力量就会消失在根部。你耕麦田时，要耕得好，耕得及时；不要耕成各式

① 数字遗漏。

② 科路美拉(II,2,24)劝人深耕，“特别是在意大利，种植果树和橄榄树的土地需要垦深掘透，以切断葡萄树和橄榄树上面的树根。因为如果留下这些树根，会使果实营养贫瘠，而土地深翻深垦时，可使下面的树根不致吸收不到含有水分的营养成分”。

各样的犁沟。余下的工作是：多锄草，细心地刨出根蘖，并及时将尽量多的根蘖连土运走，移植，盖好土后踏实，以免为水所损害。如果有人问什么时候是栽植橄榄树的时期，我的回答是，干燥的田地在播种期，肥沃的田地在春季。

六十二

你有多少对牛骡驴，就应该有多少辆大车。

六十三

压榨机用的绳索，拉直，应为五十五足；大车的皮绳，六十足；皮缰绳，二十六足；套车用的皮绳，十八足；小皮绳，十五足；套犁用的皮绳，十六足；小皮绳，八足。

六十四

橄榄一成熟，应尽早采集；应当让它们尽量少地搁置在地上和果床上。橄榄在地上和果床上，将会腐烂[①]。采集人希望橄榄尽量多地掉在地上，以便收得更多；榨油人则希望橄榄长久地搁置在果床上，使它们软化，便于榨油。不要认为在果床上搁置得越久，油榨得越多。[②] 越早榨油越有利，同样斗数的橄榄，越早榨油，出的油数量就越多，质量也越好。在地上或果床上搁置很久的橄榄，油出得较少，质量也较差。如果可能，要每日两次将油倒尽，因为

① 见本书，三。

② 关于这一点以及不相信橄榄体积增加、油量增加之说，见科路美拉，XII，52，18—19。

油在油滓和沉渣中越久，质量就越差。

六十五

要按下述方法制作绿油。要尽早将橄榄从地上捡起。如果橄榄被弄脏，要洗净，将叶子和脏物一并清除。要在收集起来以后的次日或第三日榨油。

橄榄一变黑，要将它摘下。你用以制油的橄榄越绿，油就越好。用熟透的橄榄制油，对主人最为有利。如果收获橄榄时有微冻，要在三到四日后榨油。如果你愿意，可在这些橄榄上面撒食盐。要叫压榨房和地窖保持尽可能和暖的温度。

六十六

看管和掌油勺人的职责。看管应用心看守地窖和压榨房；要注意使人尽量少地进入压榨房和地窖；要使榨出的油尽可能地纯净和清洁。不要使用铜器，也不要用橄榄核制油。因为如果使用它们，油味将变坏。要将锡锅安置在大桶中，让油流在里面。

榨油者一使用压榨机操纵杆榨油，掌勺人就要立刻十分勤勉地用贝壳舀油，不得停顿。要避免将沉渣舀出。要将油先灌入大桶，再从这些大桶灌入另一个桶中。每次都要把这些大桶中的油滓和沉渣清除干净。从锅中取油时，也要清除沉渣。

六十七

以下也是看管的职责。压榨房中的人员，要保持器皿的清洁，并极力将橄榄整理好，干燥好。不要在压榨房砍木柴。他应当不断地将油撇出。每榨一次油，要给榨油者一舍克斯塔里乌斯的油和他们点灯所需的一些油。他应每天除掉油滓；要将沉渣弄出，直到地窖中的最后一个大桶装满油。他应当用海绵擦拭筐篮；在油没有到达最后一个缸中之前，每天都要使油倒换地方；要勤加注意，不让油在压榨房和地窖中被盗走。

六十八

葡萄和橄榄一收获完毕，就要竖起压榨木，将压榨机的皮带、缆绳、滑车绳挂在架上或压榨木上；磨盘、挂钩、操纵杆、绞盘、筐子、篮子、手提篮、梯子、支柱，所有这些还要使用的物品，都要放回原处。

六十九

要按以下方法浸泡盛油的新桶：要装满油的沉渣七天，并每天补充一些，然后取出沉渣，将桶晒干。桶一干，就在头一天将树胶浸入水内，而于翌日将其溶化，然后将桶稍稍加热，低于你要给它涂抹石脑油的热度，使之温热起来就够了；要用小木柴烤热，热得适当了，就将树胶注入其中，然后加以涂抹。如果涂得适当，一个口径五十指的桶，有树胶四利布拉就够了。

七十

牛用药物。如果你怕牛生病，就要给健壮的牛服用食盐三粒，月桂叶三枚，韭菜三叶，葱三头，蒜三头，乳香三粒，萨宾草三棵，芸香三叶，泻根三茎，白豆三粒，生炭三块，酒三舍克斯塔里乌斯。应当站直身子[①]将这一切收集在一起,研成末儿后给牛吃。给牛喂药的人要斋戒。这种汤药每头牛要喂三天。要这样分配:给每头牛喝到三次时,要将全部汤药喝完。要使牛本身和喂牛药的人各都站直,用木制容器灌药。

七十一

如果牛开始生病了,要立刻喂它一个生鸡蛋;要使它整个咽下。第二天将一个葱头研成粉末,连同一赫米那酒使牛喝下。要站直身子研磨,并用木制容器灌药;牛本身和给牛灌药的人都要站着。要空腹给空腹的牛灌药。

七十二

不要让牛擦伤脚,在赶牛上路到任何地方以前,要用石脑油液涂在牛蹄的下面。

七十三

每年葡萄一变色,就要给牛药吃,使之健壮。看到蛇皮,要捡起来贮藏好,以免需用时寻找。要将这种蛇皮、小麦、食盐、麝香草和酒一起捣碎,让所有的牛喝下。夏季要让牛喝清洁干净的水:这点关系到牛的健康。

---

① 这似乎是巫术的一部分,使用数字三,是有用意的。某些注疏家把本句中的 Sublimiter 和下面句中的 Sublimiter(站直身子)解释为"在露天下"(sub diro)的同义词。

七十四

烧饼的做法如下。彻底洗净手和面盆。将面粉倒入盆中，渐次添水，揉和好。揉好后，就捏成烧饼，放在陶土盖下面烘烤。

七十五

祭饼[①]的做法如下：将乳渣两利布拉放盆中很好研碎。研好了，就用上等面粉一利布拉，或者，如果你要它更加柔软，就放最精细的面粉半利布拉于其中，好好将它同乳渣掺和在一起，放入一个鸡蛋，混合好，用以做饼，放月桂叶于其下，并慢慢在陶土盖下炽热的炉灶中烘烤。

七十六

要按下述方法做饼干[②]：上等面粉两利布拉，作饼干皮用；面粉四利布拉，上等似双粒小麦面粉两利布拉，作面层用；要将似双粒小麦倒入水中。麦面粉软得合适了，就将它放在洁净的面盆里，使之干燥好，然后要用手搓揉。揉好了，渐次倒入面粉四利布拉；要把这两者做成面层，放入筐篮，使之很好干燥。干燥了，要干干净净地叠放起来。你做每一个面层时，揉好了，要用浸湿的油布接

---

①② 祭饼，特别是饼干很重要，因为它们要在祭祀中使用，贺拉斯《书简》I，10，10—11，把自己比做祭司的逃亡的奴隶，祭司拒绝接受祭饼，而要普通的面包，因为普通的面包比和蜜的饼干好。瓦罗(I，2，28)以在论农业的作品中立意讨论这样的一些问题为乐。当然，要记住当时的蜜曾作为我们今天的糖来使用。但尽管如此，这些食谱不能认为是令人垂涎的。

触它，将周围揩净，抹上油。面层有了，就烧好要在其中烘烤的炉灶和陶土盖。然后撒上面粉两利布拉，掺而揉之，用以做成薄皮。要将未发酸的很新鲜的羊乳渣十四利布拉放在水中，使之浸透，换水三次，取出后，一一用手挤干，挤干后，放入盆中。待全部乳渣挤干了，要在洁净的盆中，用手加以搓揉，并尽量研成细末。然后取一洁净面箩，使乳渣通过面箩筛入盆中。然后放入好蜂蜜四利布拉半。将它和乳渣很好地掺和在一起。然后，在面积一足大小的洁净木板上，放上饼干的薄皮，下面铺上浸油的月桂叶。做好这一切准备工作，就按以下方法做饼干：先将每一面层放在整个薄皮上，然后从盆中取出拌好的蜜和乳渣涂在面层上；一层加一层地涂抹，直到将蜜的乳渣用尽。要逐层叠放，然后收紧底皮，使之好看，打扫炉灶，将炉灶烧到一定热度，然后放上饼干，盖上热炉盖，在炉盖上面和周围覆盖炽热的煤炭。要注意慢慢将它们烤好。要掀开盖看两三次。饼干烤好了，取出，涂以蜂蜜：这将做成饼干半斗。

七十七

面包卷的做法如下：所需原料的数量及应该做的准备工作与制作饼干完全相同，只是做出与饼干不同的形状。在底皮上涂厚厚一层蜂蜜，然后抻成绳状，将它们放在薄皮上，一层一层地紧紧填满。其余一切，都像做面包那样制作和烘烤。

七十八

圆面包类的做法如下：在底皮、面层、乳渣方面，同制作饼干的方法一样，只是不用蜂蜜。

七十九

油炸饼的做法如下:按与上面相同的方法将乳渣和似双粒小麦粉掺和好,做多少,和多少。将油倒入热铜锅中。每一次炸一个或两个,要不断用筷子翻动,炸好取出,涂以蜂蜜,撒上罂粟籽,就可供食用。

八十

做炸面卷和做油炸饼一样,只不过需要有一个底部有孔的器皿,通过它来将面团挤到热油里,使其形状犹如面包卷:用筷子弄成螺丝状,在它们温热的时候,涂油上色。要连同蜂蜜和蜜酒一起供人食用。

八十一

做罐馍的方法和做饼干一样,所需的原料也一样。在木盆中充分加以混合,放入瓦钵中,再把瓦钵放到盛满沸水的铜锅里,然后放到火上烧。烧好将瓦钵砸碎,就可供食用。

八十二

做面包卷的方法和做面包圈一样,只不过要做成以下形状。将层层面片,加乳渣和蜂蜜做成拳头大的圆球。挨紧叠放在薄皮上,方式同叠放面包卷,烘烤也同样。

八十三

为耕牛健壮而奉献祭品,方式如下。要在白天为每头牛在树林里向农神[①]奉献祭品。面粉三利布拉，肥肉四利布拉半，瘦肉四利布拉半，酒三舍克斯塔里乌斯：可将前三种东西放入一个器皿中，将酒放入另一个器皿中。此等祭品可由奴隶，也可由自由人奉献。奉献一完，要立即就地将祭品吃尽。妇女不得参与奉献祭品，也不要看祭品怎样奉献。如果你愿意，可每年举行这种奉献。

八十四

甜乳饼要依下法制作。要像做祭饼那样将面粉半利布拉、乳渣两利布拉半掺和在一起，加蜂蜜四分之一利布拉和鸡蛋一个。将陶土制的深盘涂上油。一切都搀和好了，就放入盘中，盖上陶土盖。要注意彻底烤中间，因为那里最厚。烤好后将盘取出，涂以蜂蜜，撒上罂粟籽，在陶土盖下放一会儿，然后取出。就这样盛在带匙的小盘中供人食用。

八十五

布匿粥的煮法如下：放似双粒小麦一利布拉于水中，彻底煮软，倒在清洁的盆里，将新鲜乳渣三利布拉、蜂蜜半利布拉、鸡蛋一个，统统搀和好，放置在新的罐子里。

八十六

小麦粥做法如下。将纯净的小麦半利布拉放入洁净的碗里，

① 农神原文作 Mars Silranus。W. 沃德·福勒《罗马人的宗教生活》一书将 Mars 和 Silranus 视为同一（见该书 132－133 页），并得到伯里斯的支持（见《古典杂志》，Classical Journal，XXI，3，221 页）。

好好洗净，彻底搓去麦皮，并很好冲洗出去。然后放入罐内，用净水煮。煮好要渐次加奶，直至麦汁变得黏稠。

八十七

淀粉做法如下。将上等小麦很好清洗，然后放入盆内，一日添水两次。第十日，使水干涸，彻底加以挤压，并在洁净的盆内混合好，弄得像泥泞一样，放到新的亚麻布里，将浓汁挤到新盘或臼里去。要这样处置这一切，并再次加以搓揉。要将此盘置于阳光下；让淀粉渐渐干燥，干透了，倒入新罐中；然后把它和牛乳一起煮熬。

八十八

要依下法使食盐变白。将净水倒入砸掉细颈的酒罐里，放在阳光下。将一装有普通食盐的筐篮悬挂在酒罐里；要不时振动筐篮，并加以补充。如此做法，每日若干次，直至食盐不复溶解已达二日时为止。检验罐中清水是否饱和的方法如下：将小干鱼或鸡蛋放进去，如果它们漂浮起来，就证明清水已变成了盐水，你可贮藏肉类、干酪或咸鱼于其中。将盐水倒入扁平的器皿或盘中，放在太阳下，直到盐水凝固的时候，结果就变成精盐了。在多云的天气和夜里，要放在屋顶下面；只要有阳光，就要放在太阳下晒。

八十九

喂肥母鸡和鹅的方法如下：将刚一下蛋的小鸡圈起来，用小麦面粉或大麦面粉做成面丸，浸于水内，塞进小鸡的口中。每日逐渐增加数量，根据贪吃情况，判断喂的够不够。要一日喂两次，中午给水喝;水搁在它们面前勿多于一小时以上。要以同样方法喂鹅,只是先给水喝,一日给水两次,喂食两次。

九十

喂肥野鸽之法如下:一捕到野鸽,先喂它煮熟的和烤过的蚕豆,要将豆粒从自己的嘴吐到鸽子嘴里。给水亦然。一连这样喂七天,然后将干净的蚕豆和干净的小麦研碎,并煮蚕豆三分之一,然后倒入面粉,煮熬好,从锅中倒出后,要很好加以搓揉,要用油涂手,先轻揉,后用力揉。要蘸油揉至可做成丸时为止。浸水后喂鸽子吃,数量要适当。

九十一

要依下述方法建造打谷场。翻掘你要修建打谷场的地方,撒上厚厚一层橄榄油渣,使之渗透。然后,彻底将土块砸碎,将地弄平,并用捣土槌捣固。最后再撒橄榄渣,并使之干燥。如果你这样做了,那就不会有蚂蚁为害,也不会有野草生长。

九十二

不要让麦虫和老鼠啮食小麦。要将油渣做成浆状,加少许谷壳,彻底浸软,彻底搅碎,以此黏稠浆状物涂抹整个谷仓。然后在全部涂泥的地方撒上橄榄油渣。油渣一干透,就将变凉了的小麦装入其中,麦虫即不会为害。

九十三

如果橄榄树不结果实,要将其四周土壤掘松,用麦秸把它裹起来。然后将相同数量的橄榄油渣和水混合在一起，浇灌在橄榄树周围。大树一乌尔纳就够了，小树相应减少。如果你将此法施于结果实之树，它们也会更好。不要用麦秸裹这些树。

九十四

为使无花果保持晚熟的果实，要照样做为橄榄树做的一切，并且还要做以下工作：春季来临时，要很好培土。如果你这样做了，晚熟的果实就不会掉落，就不会使无花果实生疮痂病，就会更加多产。

九十五

不要让葡萄园中有葡萄虫，要贮藏橄榄油渣，弄得干干净净后，倒入铜锅内两康吉乌斯。用微火煮熬，用筷子不断搅和，直至像蜂蜜那样浓稠。取石脑油三分之一舍克斯塔里乌斯和硫黄四分之一舍克斯塔里乌斯。将两者分别放在小臼内捣碎。然后将最细的粉末倒入炽热的橄榄油渣中，同时用筷子搅和，在露天下再煮一次：因为如果添上石脑油和硫黄，还在屋子里煮，就会燃烧起火。像粘胶那样浓稠了，就要使之冷却。将它涂在葡萄藤周围和大枝下面，葡萄树就不生虫了。

九十六

不要使羊生疥癣。将弄得很干净的橄榄油渣、煮过羽扇豆的水和上等酒的酒渣各等分掺和在一起。在给羊剪了毛后，涂抹整个羊身，使羊发汗两三天。然后在海里洗涤羊身。如果没有海水，就要置备盐水清洗羊身。如果你这样做了，羊就不会生疥癣；你就会有更多更好的羊毛；扁虱也不骚扰它们。所有四蹄兽生了疥癣，也要使用同一方法。

九十七

要用煮过的橄榄油渣涂抹车轴、皮带、鞋和皮革，这样你就会使它们更加好用。

九十八

不要使蛀虫损坏衣服。将一定数量的橄榄油渣熬到只剩下一半，用以涂抹箱底，涂抹箱的外部、箱腿和箱角。箱子一干，就可放入衣服。如果你这样做了，蛀虫就不会为害。同样，如果你以之涂抹所有木器，木器就不致腐朽；如果你用它来摩擦，它就会更加光泽。也可以用它来涂抹所有的铜器，但先要将铜器彻底擦净。涂抹后，使用时擦净，铜器会具有光泽，也不会生使人讨厌的铜锈。

九十九

如果你想使干无花果完好无损，要贮藏在陶土盆中。要将陶土盆涂抹煮过的橄榄油渣。

一〇〇

如果你要将油注入新的液体容器中，先要用生橄榄油渣将它刷洗干净，并要长时间地很好地加以摇荡，使之很好地为橄榄油渣所浸透。如果你这样做了，容器就不会吸油，它也会使油更好，而容器本身也会更加坚固。

一〇一

如果你要保存香桃木嫩枝，或任何其他带有浆果的嫩枝，或带叶的无花果树嫩枝，就要将它们捆成捆，放在橄榄油渣中，直到油渣漫过它们。但如果要保存水果，要选取颜色稍微青绿一些的。贮存水果的器皿要密封好。

一〇二

如果蛇咬伤耕牛，或任何其他四足兽，要将医生们称之为没药的茴香花一阿克塔布卢姆捣碎，放在一赫明那的老酒中。这种药要经由鼻孔灌入，同时要在咬伤处涂敷猪粪。需要时，对人也可照样做。

一〇三

为使牛健壮，为使厌食的牛爱吃食，要在饲料上撒橄榄油渣，先少撒，待牛习惯后，再增多：有时要将油渣与水对半搅和在一起喂牛。每隔四五天喂一次。这样，牛的身体会更好，不容易得病。[①]

一〇四

冬季给奴隶饮用的酒，将十夸德兰塔尔的新酿葡萄汁倒在缸中；再倒两夸德兰塔尔酸醋，两夸德兰塔尔浓酒，五十夸德兰塔尔

---

① 参看科路美拉，VI，4，4。

淡水。每天用木棍搅和三次,连续搅五天。再向其中注入陈海水六十四舍克斯塔里乌斯,盖上盖,并在十日后加以涂封。这种酒可保存到夏至。保存到夏至以后的,就是最酸最好的醋了。

一〇五

在离海远的地方,要照以下方式酿制希腊酒。将新酿葡萄汁二十夸德兰塔尔倒入铜锅或锡锅,在锅下面点火,酒一起泡,就将火抽去。酒冷却后,灌入容积四十安福拉的缸中,将淡水一夸德兰塔尔、食盐一斗倒入一个单独的容器中,使之变成盐水。一变成盐水,就将它注入上述的缸中。要在小臼中将足够数量的灯心草和芦草捣碎,放一舍克斯塔里乌斯于同一缸中,使酒的气味芬芳。三十天后,将缸涂封。至春季,将酒倒入两耳瓶,放置阳光下两年。然后移入屋内,这样,这种酒就不会次于科斯岛酒了①。

一〇六

海水的储备。自淡水不能到达的深海处取海水一夸德兰塔尔,焙盐一利布拉半,投入水中,用木棍搅和,直至煮熟的鸡蛋能浮于水面。加入陈酒,或阿米尼乌姆酒,或混合白酒,适当地加以搅和,然后倒入涂过石脑油的器皿,并加以涂封。如果你要储备更多的海水,一切要按照比例进行。

一〇七

你要涂抹酒坛的边缘,使酒味芬芳、坏东西不致进入。将最上

① 科斯岛酒酿造法,见下面一一二章。

等的浓酒六康吉倒入铜锅或锡锅，取捣碎的干蝴蝶花一赫明那，用非常芬芳的草木樨同它放在一起，把它们捣得尽量细碎，用箩筛过，和浓酒一起用葡萄枝蔓微火煮熬。要加以搅动，注意勿令熬焦。熬到剩一半时为止。冷却后，倒入涂过石脑油的有香气的器皿里，加以涂封，用此涂抹酒坛的边缘。

一〇八

如果你想知道某种酒能否长期保存，就要将半阿克塔布卢姆好大麦面粥倒在一新的杯子里。在同一杯中，注入你要试验的那种酒一舍克斯塔里乌斯，然后置杯于炭火上：煮之使沸两三次。这时要加以过滤，抛出麦米粥，置酒于露天下，翌日晨尝其味；如酒味与置于缸中者同，就知道这酒可长久放置；如酒略带酸味，则此酒不能长久放置。

一〇九

如果你要将涩味葡萄酒酿成淡而甜的酒，要这样做：将巢豆四利布拉做成粉，将浓酒与四凯亚图斯酒混合，做成小块砖饼，浸泡一昼夜。然后在缸中同该酒混合，密封六十天。这种酒将变成淡而甜的，色佳而味美的酒。

一一〇

消除酒中的坏味。将一块厚实、干净的屋瓦在火上很好烧热。烧热后，涂以沥青，用细绳绑缚，轻轻放瓦于缸底；密封两日。如坏味已消除，那很好；如果没有消除，可反复做数次，直至坏味消除为止。

一一一

如果你要知道酒内是否添了水，可用常春藤木做一容器。倒入你认为添过水的酒。如果有水，酒会流出，而水会留下，因为常春藤木容器存不住酒。

一一二

如果你要酿制科斯岛酒，就要在葡萄收获前七十天，风平浪静时，从淡水不能到达的大海里取来海水。取来海水后，立即灌入缸中，不要灌满。要叫它离满还差五夸德兰塔尔。要盖上缸盖，留出通气口。三十天后，将海水慢慢地、小心地移注于另一缸中，将沉淀物留在底部。再过二十天，以同法移注到另一缸中，这样一直放到葡萄收获的时候。要将你打算用以制造科斯岛酒的葡萄留在葡萄园里，使之彻底熟透；下过雨，又葡萄串干了时，立即摘下。如果无雨，就放在露天阳光下晒两三天的时间；如有雨，就放在屋内帘子上；如果有些浆果腐烂了，就加以清除。这时，即将上述海水取来，在口径五十指的缸中倒入海水十夸德兰塔尔。这时将从蔓上摘下不分大小的葡萄浆果装入同一缸内，直至装满。要将浆果用手压破，使之浸透海水。装满缸就盖上盖，要留通气口。三天后，将葡萄自缸中取出，在压榨房中加以压榨，并将榨出的酒贮藏在清洗过的、洁净而干燥的缸中。

一一三

为使酒味芳香，要依以下方法去做：取一块涂过石脑油的瓦，置微炭火于其上，并在炭上熏上草木樨、灯心草和商人具有的棕果，将它们放入酒坛中，盖上盖，以免在你倒酒以前先走了味。要在倒酒的前一天做这件事。然后把酒从缸中倒入酒坛，在密封以前，要使之敞开十五天，留出气眼后，再加以密封。四十天后，再注入两耳瓶，并在每一两耳瓶中添加浓酒一舍克斯塔里乌斯。不要将两耳瓶灌得过满，灌到超过瓶的两耳的下端即可；将两耳瓶置于阳光下无草的地方，盖上盖，以免进水。放置阳光下不得超过四年。四年后，将它们并排紧挨着置放在食品贮藏室内。

一一四

如果你要酿制缓泻酒，要在葡萄收获后，掘松葡萄蔓根部土壤时，你认为为此目的需要多少葡萄，就照数掘松它们的根部的土壤，并作出标志。要将葡萄根部周围切断，弄干净，将嚏根草的根在臼中捣碎，置于葡萄根部周围，并沿葡萄根部周围施陈粪、陈灰和双倍的土壤。土壤要从上面撒下。这种葡萄要单独采摘。如果你想把这种缓泻酒保存一段时间，就不要使它和其他酒混在一起。取此酒一凯亚图斯，掺水，在晚饭前服下，它将缓泻肠胃而无危险。

一一五

将一撮嚏根草放入装有葡萄汁的两耳瓶中。葡萄汁一充分发酵，就将这嚏根草自酒中清除，要保存此酒作缓泻肠胃用。

酿制缓泻酒。掘松葡萄根周围土壤时，要以红色颜料作出标志,不使它们和其他葡萄树混淆。要沿根部周围放置三束嚏根草,上面撒上土。收获葡萄时,要自葡萄蔓上将你所采集的葡萄单独保存。放一凯亚图斯这种酒于其他饮料中,它将使肠胃蠕动,并于翌日使人完全通便而无危险。

一一六

扁豆应这样保存:用醋将阿魏香溶化,用阿魏香调制的醋拌扁豆,放在阳光下。然后将扁豆擦油,使之干燥。这样,它就会保存得完好无损。

一一七

应这样泡绿橄榄:在它们还没有变黑之前,将它们捣烂,投入水中。要多次换水。充分浸透后,将水挤出,放在醋里,然后加油,每斗橄榄再加食盐半利布拉。用茴香和乳香做调味料,放在另一容器中,浸在醋水里。如果将它们掺和在一起,就要尽快吃。要将它们取出,压入小坛里。当你食用时,要用干手取出。

一一八

应按下述方法泡制你要在葡萄收获后食用的绿橄榄。加葡萄汁与醋等量,其余泡制法,一如上述。

一一九

用各种又绿又熟的橄榄调制菜肴的方法如下:将橄榄核去掉,按以下方法泡制。将橄榄切开,加油、醋、芫荽、枯茗、茴香、芸香和薄荷,装入小坛,上面搁油,即可食用。

一二〇

如果你要通年备有葡萄汁,就要将葡萄汁倒在两耳瓶中,将软木塞涂上石脑油,置两耳瓶于水池中。过三十日后取出,就整年有甜葡萄汁了。

一二一

要依下述方法制作喜糕:用葡萄汁润湿一斗小麦面,加茴香,枯茗,油脂两利布拉,乳渣一利布拉,月桂嫩枝皮少许。做成糕状后,底下垫月桂叶烘烤。

一二二

按下述方法酿制医治小便困难的酒:将忍冬或刺柏在臼中捣碎,放一利布拉于三康吉乌斯老酒中,在铜锅或锡锅里煮沸。冷却后倒入瓶中。早晨空腹喝一凯亚图斯,会有用处。

一二三

医治风痛药酒的制法如下:将半足粗的刺柏木细细切碎,同一康吉乌斯的老酒一起煮沸。冷却后倒入瓶中,早晨空腹喝一凯亚图斯,会有用处。

一二四

白天应将狗锁起,让它在夜间更加凶猛和警醒。

一二五

香桃木药酒制法如下:将黑香桃木阴干,阴干后保存到收获葡萄的时候。将香桃木半斗捣碎放入一乌尔纳葡萄汁中加以涂封。葡萄汁停止发酵后将香桃木取出。这种酒可治消化不良、肋胁痛和疝痛。

一二六

如果因有蛔虫和绦虫而肠绞痛,可按下述方法制作药酒:取三十个酸石榴,捣碎,放入瓶中,并放入三康吉乌斯的黑涩葡萄酒。要将器皿涂封。三十日后开封取用:空腹服一赫明那。

一二七

应按下述方法制作医治消化不良和急尿痛的药酒:石榴树一开花,就加以采集,将三明那[①]石榴花装入两耳瓶中,加一夸德兰塔尔老酒和一明那洗净并捣碎的茴香根。将两耳瓶涂封,三十日后开封饮用。只要消化不好或小便不畅,随时都可饮用而无危害。如果你这样酿制,则同是这种酒也可驱除蛔虫和绦虫:服用前,勿令患者进食。翌日,将一德拉克马的神香研碎,加一德拉克马煮熟的蜂蜜,和一舍克斯塔里乌斯搀过牛至香精的酒,给患者服用。幼儿依年龄大小服一特里奥博卢斯[②]或一赫明那。患者可登上木

① 明那(mina),希腊重量单位,相当于一百雅典德拉克马,略轻于一磅。

② 重量单位,等于半德拉克马。

桩，从上跳下十次，并作散步活动。

一二八

为居室抹灰泥。取最富于白垩质的或红色的土，倒上橄榄油渣，加剁碎的稻草，浸泡四天。彻底浸软后用铁锹搅拌。搅拌后，就进行涂抹。这样，墙壁就不会潮湿，老鼠也不会打洞，野草不生，涂抹的灰泥也不会龟裂。

一二九

要依下法修筑打谷场：很好地翻耕土地，浇橄榄油渣，使之尽量渗透。将土块捣碎，用碾石或捣土槌压平。压平后蚂蚁就不会骚扰，下雨也不会泥泞。

一三〇

橄榄木棍及其他木柴、粗木渣，要撒上橄榄油渣，放在太阳下，使之彻底浸透。这样，薪柴会少生烟，并燃烧旺盛。

一三一

梨树开花时，要为耕牛奉献祭品，然后开始春耕。要先耕多碎石和多砂的地区。然后，越是肥沃和潮湿的土地，就越要晚耕。

一三二

要以下述方式奉献祭品。献给朱庇特一杯祭酒，酒杯的大小自己决定。无论对于牛，对于赶牛人，还是对于举行祭祀的人来说，都要把那一天当作节日。行祭时，要这样说："受祭的朱庇特[①]啊，因为在我家我们的仆人中间，应奉献杯酒与你为祭，为此，求你来享此应该奉献给你的祭品。"要将手洗净，然后取酒在手，说："受祭的朱庇特啊，求你来享此应该奉献给你的祭品，求你来享此祭酒。"如果你愿意，还可向维斯太女神奉献祭品。奉献给朱庇特的祭品是炙肉和一乌尔纳酒。要虔诚地按照所要求的仪式祭献朱庇特。祭献后，就播种粟、黍、蒜和扁豆。

一三三

果树和其他树木的压条繁殖。将树木从地下生出的嫩枝埋到地里，使之向上竖起，让它能够扎根。其后，到了适当的时候，挖出来，垂直栽好。无花果树、橄榄树、石榴树、小榅桲、野榅桲以及所有其他果树，塞浦路斯和德尔斐种月桂树、李子树、婚礼香桃木、黑白香桃木、阿比兰种胡桃和普莱内斯特种葡萄、白杨树等等，都应以此法从根部繁殖和移植。你要精心培植的插枝，应栽在陶盆里。为使它们在树上生根，应取一底部穿孔的陶盆或筐篮；使之穿过它们生根；要将筐篮装满土壤踏实，留在树上。过两年，从下面切断幼枝，连同筐篮一起栽植。可以同法使任何品种的树木很好地扎根。葡萄蔓也可在土篮中压条繁殖：覆盖好土壤，一年后切断，连同筐篮一起栽植。

① 受祭的朱庇特，原文作 Juppiter dapalis，一说 dapalis 系朱庇特的称号，第一个字母应大写。——译者

一三四

在收获前，应以下述方式献猪为预供物①。在收获下列谷物，即似双粒小麦、小麦、大麦、蚕豆、萝卜籽以前，奉献母猪给谷物女神色列斯，作为预供品。祭献母猪之前，先向门神亚努斯、朱庇特和朱诺焚香奠酒。要向门神这样奉献祭饼："门神父，我以此所献祭饼，热诚地恳求你，怜悯我和我的子孙，我的家庭和仆人。"要将大麦饼献给朱庇特。要这样祭献说："朱庇特啊，我以此应献大麦饼，热诚地恳求你，怜悯我和我的子孙，我的家庭和仆人，特敬献此大麦饼。"然后，要向门神献酒说："门神父，如我前此献祭饼时求你的，请你为此来享此祭酒。"然后向朱庇特这样说："朱庇特啊，请你来享此大麦饼，请你来享此祭酒。"其后，祭猪作为预供品。割除猪的内脏后，就将祭饼献给门神，杀牲祭祀，如前所献。要献大麦饼于朱庇特，并杀牲祭祀，如前所做。要向门神祭酒，并向朱庇特祭酒，一如以前应献的祭饼和应祭的大麦饼。然后向谷物女神奉献内脏和祭酒。

一三五

短袖束腰紧身衣、长袍、粗布短外套、百结衣和木履，应在罗马购置；短斗篷、铁器、镰刀、锹、锄、斧头、驾具、马衔和小铁链，在迦莱和明图那购置；铲在维那弗鲁购置；大车、打谷板，在苏埃

① 这里是收获前献作牺牲的母猪。奥卢斯·盖利乌斯《雅典之夜》IV，6，7曾提出和它相对应的收获后献作牺牲的母猪。前者叫 Porca praecidanea，后者叫 Porca succidanea。

萨和卢卡尼亚购置;缸、盆,在阿尔巴和罗马购置;屋瓦在维那弗鲁购置;坚硬的土地,罗马犁适用;松软的土地,坎帕尼亚犁适用。罗马制挽轭最好,可以拆装的犁铧最好。碾磨机在庞培,在诺拉的鲁弗里乌斯城附近购置;钥匙、门闩在罗马购置;救火水桶、橄榄油瓶、水坛、酒瓶以及其他铜制器皿,在加普亚和诺拉购置。从加普亚购买的坎帕尼亚筐篮适用。滑轮皮带和一切蒲绳,在加普亚购买;罗马筐篮,在苏埃萨和卡西努姆购买,但以罗马的为最好。

卡西努姆的卢契乌斯·图尼乌斯和维那弗鲁的卢契乌斯之子盖约·门尼乌斯制作的压榨机绳索最好,应向他们交付八张本地产的上等毛皮。毛皮必须是新近鞣出,而且放盐最少的。应先以油脂搓揉并涂抹皮革,然后使之干燥。应结绳长七十二足;绳索上应有三个拼接处,每处要用九根粗二指的皮绳接好。绕在压榨机上以后,绳索长四十九足。三足消失在衔接处,还余四十六足。绳一拉长时,会增加五足,即长五十一足。压榨机绳索[①],如为大型压榨机,拉长了,应为五十五足;如为小型压榨机,应为五十一足。大车用皮绳,六十足相宜,小绳索四十五足相宜;大车用皮缰绳,三十六足,套犁用的皮缰绳,二十六足;牵引缰绳,二十七足半;大车挽轭用皮绳,十九足;小皮绳,十五足;耕犁挽轭用皮绳,十二足;小皮绳,八足。

最大的橄榄磨,从采石场采来时,直径四足半;磨盘,直径三足半;中心厚一足零一掌;磨轴和边缘之间的距离一足又二指,磨边

① 压榨机绳索,升高或降低压榨机时使用。

厚五指。稍次的磨，直径四足零一掌；磨轴与磨边间距离一足零一指；磨边厚五指；磨盘直径三足又五指，厚一足又三指。磨盘上的孔，要按半平方足凿成。再次一等的磨，直径四足，磨轴与磨边距离一足；磨边厚五指；磨盘直径三足又三指，厚一足又二指。磨一运到，你要在哪里安放，就要在哪里调整装配。

一三六

应按以下条件与分益农分成。在卡西努姆和维那弗鲁地区，上好土地，分给八分之一筐篮[①]；次好土地，七分之一；三等土地，六分之一；如以斗分配谷物，则为五分之一斗。在维那弗鲁地区，最好的土地，分给九分之一筐篮。如果分益农使用主人的磨，他应按所得份额的一定比例交纳使用费。以斗分大麦，给五分之一；以斗分蚕豆，给五分之一。

一三七

使分益农照管葡萄园。分益农要很好地照管地产、果园、谷田。应为这里的耕牛向分益农提供足用的干草和饲料。其余一切应共同提供。

一三八

宗教节日可以驾牛做以下工作：运薪柴、豆茎，以及你要储存的粮食。骡马和驴，除家庭节日外，无任何节日。

---

① 未脱粒的谷物，以筐篮计量；已脱粒的谷物以斗计量。

一三九

应按罗马习惯以下述方法修剪丛林：要奉献猪以赎罪，并这样说："如果你是此圣地所归属的神或女神，那么，为修剪此圣地献猪于你以赎罪，就是应该的了。为此，或者是我，或者是奉我吩咐的其他某人献祭，但愿它举行得合宜，为此，我在献猪以赎罪时，虔诚地恳求你：请怜悯我，我的家庭、仆人和我的子孙。为此，请你享受理应献给你的这个赎罪之祭品。"

一四〇

如果你要耕地，要以同样方式奉献赎罪供品，要添上下面的话："为完成此项工作而奉献。"耕地期间，每日都要在所耕土地的某一地方举行这一仪式。如果你误了一天，或者如果在此期间有国家的或家庭的节日插入，就要另献赎罪祭品。

一四一

要按下述方式举行田地涤罪祭：叫人牵引猪羊牛在田地周围绕圈，对他说："为蒙神的好意并诸事顺利，马尼乌斯[①]，我命令你，设法以此猪羊牛，在任何你想驱赶或牵引它们绕行的地方，为我的田产、田野和我的土地涤罪。"要预先向门神和朱庇特祭酒，同时念道："父马尔斯，我向你祈祷，并恳求你，怜悯我、我的家庭和仆人。为此，我命令我的田野、土地和地产为猪牛羊所绕行，以便你禁止、

① 马尼乌斯可看做是一个奴隶、一个庄头、一个占卜者或某甲、某乙等等。

预防并扭转有形无形的疾病、歉收、荒废、灾害和天气失和;以便你让谷物、小麦、葡萄园和枝条茂盛和丰收,保护牧人和牲畜无病无灾;使我、我们的家庭和仆人健康无恙。为此,如上所述,为了涤净我的地产、土地和田野,并为赎罪,请你来享受献给你的乳猪、乳羊和乳牛。父马尔斯,为此,请你来享此乳畜。"同时,要用小刀切好祭饼,放在身边,献以为祭。祭猪崽、羊羔、牛犊时,要这样说:"为此,请你来享所献家畜。"在此处禁止呼叫马尔斯,以及羔羊和牛犊。如果整个祭祀中未获吉兆,要这样说:"父马尔斯,如果此等乳畜有使你不称心处,特来献这些家畜于你以赎罪。"如果你怀疑某个牺牲,要这样说:"父马尔斯,因为那只猪不中你的意,我特献此猪于你以赎罪。"

一四二

属于庄头的职责。主人所命令的,在地产上应该完成的一切,以及应该购买的,应该备办的,应如何分给奴隶食品和衣物,我劝告庄头注意并为主人完成一切,听从主人的命令。此外,我还劝告庄头应如何对待女管家,如何对她下命令,以便在主人到达时,一切必需之物,都已经准备好,照料好了。

一四三

要力求使女管家履行自己的职责。如果主人将她给你为妻,你要对她满意。要叫她怕你。她不得过于奢侈。要尽量少同邻妇以及其他妇女交往:不要接待她们到家里来,也不要在私室接待她们;不要到别处赴宴,不得闲游。不得主人或主妇之命,不得献祭,也不得委托任何人为她献祭。须知,主人是为全体家人献祭的。她应是整洁的;应把庄园打扫得干干净净。每天就寝前,要打扫干净炉灶。初一、初五(或初七)、十三(或十五)日,以及节日到来时,她应置花圈于炉灶上,并在这些日子里,向家庭守护神祈祷。她要细心为你和仆人们煮饭。要叫她养很多母鸡。要叫她储存梨干、山梨、无花果、葡萄干。要将山梨放在浓酒中,将梨和葡萄放在缸中,将小榅桲、葡萄放在葡萄渣中并放在坛子里埋在地下,将新鲜的普莱内斯特种胡桃放在坛中埋于地下。斯坎提亚种苹果和其余通常储存的品种,以及野生水果,所有这一切,每年都要勤加储存。她要擅长磨粉,能磨出精细的面粉。

一四四[①]

收获橄榄应按下述条件包出。承包人要好好按主人,或监管人,或购买人的指示采集橄榄。不得主人或监管人的命令,不得擅自将橄榄摘下或打落。如果反此行事,就没有人给他支付那天采集之所得,也没有人欠他的。所有采集人都要向主人或监管人发誓,自己在收获期间不从卢契乌斯·曼利乌斯[②]的地产上窃取橄榄,而且在此期间谁也不使用诡计这样做。其中谁不立誓,那么,他所摘的一切,就没有人为之付钱,也没有人欠他的。要保证好好

① 凯尔(Keil)在注释中指出第 144—150 各章很明显有许多地方混淆不清。有些段落由于漏字多有讹误;我们现在所看到的,不可能所有段落都系加图所写,而有些段落是曾由使用本书的人改动过或添加过的。所以凯尔只不过是想恢复原版的语句。蒙森在布伦斯(Bruns)《古罗马法文献》第六版附录中曾进行过一些揣测和解释,我们将其中的一些收进了本书原文和英译本译文中。

② 卢契乌斯·曼利乌斯意为“某甲”。

按卢契乌斯·曼利乌斯的吩咐采集橄榄。除掉因陈旧而破碎的梯子外，梯子怎样借给的，要照样归还。如果不归还梯子，就按公正人的仲裁，从工钱中扣除。如果承包人的行动使主人受到什么损失，要赔偿，要依公正人的裁决，给予扣除。收获和采摘橄榄需要多少人，承包人就要提供多少人。不提供这些人数，则用以雇用工人或包工的款额多少，就从其所得中扣除多少，主人也就少欠他多少。不得从地产中运出薪柴与橄榄。谁采集橄榄并将它们运出，每运出一次，就扣除其所得四塞斯退斯，也就不欠他这一款额了。所有橄榄采完以后，要用橄榄斗量清楚。要提供常工五十人，提供三分之二的采摘工，任何人都不得与人达成协议，以更高价格包收橄榄和包制橄榄油，除非他事先声明过他有某人为合伙人。为防止违反这一规定，如果主人或监管人愿意的话，要让所有合伙人立誓。如果他们不立誓，就没有人一定要为收获橄榄和制橄榄油付钱。奖励：在整个收获期间，每收一千二百斗橄榄，给予五斗盐腌橄榄、九利布拉纯油和五夸德兰塔尔醋的奖励。如果收获期间没有得到盐腌橄榄，每收获一千二百斗橄榄要给五塞斯退斯奖励。[①]

一四五

制橄榄油应以下述条件包出。承包人要好好按主人或监管人的命令制作。如果需要六套机具，就要制备六套[②]。必须提供监管人或橄榄买主所满意的人员。如果需要使用碾磨机，就得制备；

① 蒙森《罗马史》第 3 卷第 12 章曾对此整个问题加以讨论。

② 十二章中记载的一般数字是五套。

如果雇用工人，或者包出工作，他就得为此偿付费用，或扣除其所得。除主人或监管人给予他的而外，他不能为了需要、为了盗窃而动用橄榄油。如果他竟自取用，那么，他每取用一次，就扣除其所得四十塞斯退斯，而钱也不欠他的。所有制油承包人都必须向主人或监管人立誓，他们和其他任何人均不自卢契乌斯·曼利乌斯的地产中用诡计盗取橄榄油和橄榄。其中未立此誓言的，要扣除其全部所得，钱也不欠他的。除主人或监管人指定给他的合伙人而外，不得有任何合伙人。如果承包人的行为给主人造成什么损失，就依公正人的裁断，从其所得中扣除。如果主人需要绿油，他必须照办。要向承包人提供足够的油和盐供他本人用，并给两个胜利女神像币的追加金，作为榨油机费用。

一四六

应按下述条件出售树上的橄榄。在维那弗鲁的田产上，出售树上的橄榄。橄榄买主应在购买的总金额外追加百分之一；付给拍卖人五十塞斯退斯酬劳金，付给主人罗马橄榄油一千五百利布拉，绿油二百利布拉，落下的橄榄五十斗，摘下的橄榄十斗（所有这些都用橄榄斗量出），润滑油十利布拉。为使用主人的度量衡器具，付两科泰拉[①]第一次榨出的油。付款日期：从十一月初一起十个月内[②]，支付包出去的采摘橄榄和制橄榄油的费用，但如买主又包出去了，他就要在月之十三日或十五日偿付。他应彻底将这些

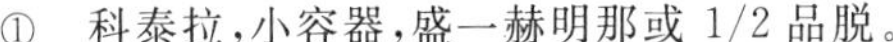

① 科泰拉，小容器，盛一赫明那或 1/2 品脱。

② 人们认为这种套语是根据原来十个月一年说的，但有些学者否认该年是十个月的一年。

花费全部付清，并办理妥善，而且要向主人或主人所委派的人提供保证，要答应并按照主人的意愿立下保证。在他付清费用或立下保证以前，他们带到地产上的物品，都被当作抵押品；他不得擅自从地产中运出任何物品；如果运出，它们就成为主人的财产。压榨机、绳索、梯子、碾磨机等等举凡给他使用的全部物品，除因陈旧而破碎者外，他必须完好无损地归还。不归还，就得付出相等的代价。如果买主应支付而不支付在此地工作的采集工与榨油工的工资，假如主人愿意，可让主人支付。买主要归还这笔钱，并向主人提出保证，按前面叙述的方式以其财物作为抵押品。

一四七

应按下述条件出售架上的葡萄。买主应该留下未加冲洗的葡萄渣和酒的残渣。允许买主将酿好的酒储存到第二年的十月一日以前。如果买主不在那天以前将酒运走，就要由主人随意处置。其余条件与出售树上橄榄相同。

一四八

应依下述条件出售酒坛中的酒。要将四十一乌尔纳的酒灌入每个酒缸中。要灌入未发酸且未发霉的酒。要按公正人的裁决在最近三天内尝酒。如果买主没有这样做，就认为酒已品尝过了。主人拖延多少天不尝酒，买主也可以拖延多少天。买主必须在一月初一以前，将酒接收过去。如果到那天他不接酒，主人就要量酒。主人量过的酒，买主必须为之付款。如果买主要求，主人就应当立誓，说他量得准确。在十月初一前，要提出酒的储存地点。如果到那一天买主不将酒运走，就由主人随意处置，其余条件和出售树上橄榄相同。

一四九

应按以下条件出租冬季牧场。要说明你出租的界限。可自九月一日起开始享用牧场。梨树刚一开花，牲畜就应当离开不灌溉的牧场；而灌溉的牧场，要在上下方邻人让离开的时候离去，或者要为两种牧场规定确定的日期。其他牧场，应在三月朔日离开。租户牧放时，主人保留牧放一对牛和一匹骟马的权利，保留使用蔬菜、龙须菜、柴薪、水、道路和牲畜过路的权利。如果租户、牧人，或租户的牲畜给主人造成损失，要按公正人的裁断赔偿。如果主人、主人的奴隶或牲畜给租户造成损失，要按公正人的裁断赔偿租户。在未偿付赔款，或提出保证，或指定还债人以前，在该地的牲畜和奴隶，都应作为抵押品留下。如果关于此事发生争执，要在罗马进行裁判。

一五〇

应按下列条件出售绵羊出产物。买主要为每头羊付一利布拉半乳酪，其中一半是干的；节日时，要付出挤出的羊奶的一半。此外，在其余的日子里，还要付一乌尔纳羊奶。根据这些规定，生出一日一夜的羊羔，算作出产物；六月朔日，买主应放弃出产物；遇到年内有闰月[①]，就在五月朔日放弃。不要允许他有多于三十只的

① 遇到22或23天加到355天这个通常数字的年头，这22天或23天要插在二月份的第23天之后，而二月份就终止在这一天。二月份的其余5天加上上述插进来的22或23天构成第十三个月，这个月就叫做闰月(intercalaris)。

羊羔。不生羔的绵羊，算出产物时两个算一个。羊羔和羊毛卖出十个月后，卖主应从收款人那里得到应得的款项。他每养十头羊可以喂一头吃乳浆的猪。买户要提供牧人两个月。牧人要作为抵押留下，直到买户向主人立下保证，或付清了款项的时候。

一五一

最好是按下述方法采集、播种和繁殖柏树籽。对此，诺拉的米尼乌斯·佩森尼乌斯曾示人以下述方法：应当在春季采集塔林敦柏树籽。而采伐木材则要在大麦刚一变黄的时节。采到种子后，要放在日光下，并将种子清理干净。晒干后储藏好，以便取出时也是干的。春季，要在土地最为松软、叫做 pulla，意为微黑，而在近处有水的地方播种。这种地方，要先施好山羊或绵羊粪，然后翻掘两锹深，将土壤与粪料搀好，要薅除杂草和野草，好好将土壤锄碎。做成四足宽的苗床，使之呈中凹状，以便存水。要在苗床间做成小沟，使你可以从那里铲除苗床的草。苗床做成后，就像通常播种亚麻那样密播种子，用筛子将土壤筛到种子上，要筛出厚半指的土壤。要好好用木板、手或脚将土壤弄平。如果无雨以致土壤需水时，就慢慢放水到苗床里。如果你无从放水，就要将水提来，并慢慢浇到苗床里。需要给几次水，就添几次水。如果生出杂草，就要薅除，杂草刚长出就要拔掉，而且要勤拔。整个夏季都要勤浇水，勤除草。树籽一种完，就用麦秸覆盖；树籽一开始发芽，就将麦秸除去。

一五二

按照曼利乌斯等人所示，制作树条扫帚的方法：在你收获葡萄的三十天内，要有几次在木棍上绑扎干榆树条做成笤帚，用以彻底刷净缸的内壁，使酒渣不致继续粘在内壁上。

一五三

要这样做酒渣酒：为此准备两个装橄榄用的坎帕尼亚筐篮。将筐篮装满酒渣，放置在压榨方木下面，加以压榨。

一五四

怎样能够方便地为买主量酒。为此准备一个盛一库莱乌斯[①]的酒桶。桶上面应有四个把手，以便可以移动。在桶底钻一孔，孔中插进一个你能够很好塞住它的管子，在上部容量达到一库列乌斯的地方，也要钻一个孔。将此桶放在压榨机出酒槽上酒坛的中间，使酒可自酒坛中涌出并流入桶中。灌满，就将桶塞住。

一五五

冬季应把田地中的水排出。山上的排水沟应当保持畅通。秋初有淤沙，会发生最大的水灾危险。开始下雨时，奴隶们应该带着锹和锄前往疏通排水沟，把水引入各渠道，设法使之流走。下雨时，要查看庄园各处。如果有地方漏水，就用炭划上记号，以便下过雨后将瓦换掉。庄稼生长季节，如果在庄稼中间，在苗床里，或在沟渠中水不流通，或者有什么东西妨碍水流，应排除障碍，疏通水道，并将障碍物移走。

---

① 液体计量单位，相当于 120 加仑。

一五六

论甘蓝的药用价值。

全部蔬菜中以甘蓝为最优。甘蓝可以煮食或生食。如果生食,要蘸醋。甘蓝之助消化与清肠胃实为神妙,而尿则是百病的良药①。如果你想在筵席上恣意吃喝,要在餐前随意吃一些蘸醋的生甘蓝,吃完饭再吃它五六叶,它就会使你像什么也没有吃过似的,而开怀畅饮。

如果你想荡涤肠胃上部,可取叶子最光滑的甘蓝四利布拉,分为三个等量的小把捆好。然后放一个有水的陶罐在火上,水一开始沸腾,就放一捆于其中片刻,使水停止沸腾。水又开始沸腾时,再放入其中片刻,数至五的时候将它取出来。第二捆以至第三捆均依同样做法。然后将它们放到一起捣碎,再放到布上,挤出约一赫明那的浆汁到瓦杯里。放一粒食盐以及扁豆和炸枯茗若干于其中,使有味道。将瓦杯置于晴朗的夜空下。准备饮用此剂的人应洗热水澡,喝蜂蜜水,空腹卧床。第二天清早饮浆汁,散步四小时,再从事工作,假如有工作的话。一恶心要作呕时,就要躺下,进行清泻。他会吐出很多的黄汁和黏液,甚至会使他自己惊讶哪里来的这么多东西。随后,一泻肚,他还得饮用一赫明那或稍多一些的这种浆汁。如果泻肚泻得太厉害,就取两贝壳细面粉倒入水中喝一点,泻肚就会停止。但对腹痛为患的人,应将甘蓝浸在水里。浸透后放到热水中,一直煮到甘蓝熟透时,将水澄出,加盐,再略微加

① 参看一五七章。

一点枯茗，还要在其中添加大麦粉和橄榄油。然后，稍微煮沸，倒入罐中，使之冷却，将病人想吃的食物切碎，撒到里面，食之。但是，如果他只能吃甘蓝，光吃甘蓝也行。如果他不发热，就给饮用十分少量的浓的掺水的红酒；如果他发热，就只给饮水。要每天早晨这样做。不要叫病人服用过多，不要使病人厌烦，要使病人自愿地吃。要使男女成人和儿童同样服用。现在讲一讲便尿困难的患者和尿淋沥患者的问题。要取来甘蓝，放入沸水中，略微煮一下，使其半生不熟，然后将水澄出，但不是全部澄出。在其中加好油盐或少许枯茗，煮沸片刻。然后凉着喝尽这种熬出的汤，将甘蓝本身吃下，使甘蓝得以迅速消化。要每天这样做。

一五七

论毕达哥拉斯种甘蓝，它有什么功用和保健作用。首先你应当知道甘蓝有哪些品种，它们各自有什么性质。甘蓝具有促进身体健康的一切功效，并常常随着热、干、湿、甜、苦、酸而改变自己的性质，它生来具有融合所谓“七益”的一切性能。[①] 现在你要熟悉一下各种甘蓝的特性：首先是所谓光滑的一种，它个大，叶宽，茎粗，质坚，效能巨大。其次是卷叶甘蓝，称为“芹菜种”，不仅品种好，而且很好看，较之上述品种具有更大的药用价值。第三种也一

① 本章引言人们并不认为是纯正无伪的。普卢塔克和狄奥格内斯·莱尔蒂乌斯(Diogenes Laertius)告听我们，一些哲学家如索伦和毕达哥拉斯，同另外一些人讲求奢侈相反，他们强调吃生的食物。格斯纳(Gesner)提出“七益”是热、冷、湿、干、甜、苦、酸。赫尔勒(Hörle)提出 vis 应作 VII。这样，本句开始，原文作“融合所谓‘善力’(vis bona)的性质”，就变成“融合所谓‘七善’(或‘七益’——VII bona)的性质”了。

样，叫做“娇嫩的甘蓝”，它茎细，柔嫩，是所有这些品种中最辣的，汁少而性最猛烈。首先要知道，所有甘蓝品种，在药用价值上没有一种像它这样的。将它贴在一切伤口和脓包上，会清除一切溃疡，并毫无痛苦地使之痊愈。它会使脓包成熟，使之溃裂，它会清洗化脓的伤口和恶性肿瘤，治愈任何其他药剂不能治愈的疮疡。但在贴用这种甘蓝以前，要用大量热水冲洗伤口表面。然后将甘蓝砸碎，一日贴敷两次。它将吸出全部脓水。黑疽，有气味，并流出肮脏的脓血；白疽，充满脓水，呈漏管状，在皮肉下面生脓。在此等伤口上，要擦这种甘蓝：它将使之痊愈。对这种伤口来说，它是最好的药剂。又假如谁患了脱臼，一日用热水敷两次，贴上碎甘蓝，将迅速使之痊愈。一日贴两次，它将会止痛。挫伤溃裂时，抹上碎甘蓝，会使之痊愈。如果乳房长有癌肿疔毒，抹上碎甘蓝，会使之愈合。又，如果溃疡处不能忍受药剂的辛辣刺激，就掺上大麦粉，再照样贴敷。它将完全治愈这种疮疡：这是其他药剂不能做到不能清除的。男孩和女孩生了这种疮疡贴服碎甘蓝，也要加大麦粉。

如果你将它切好、洗净、晾干，撒上盐和醋，那就没有比它再有益健康的了。为使你更喜欢吃，要浇上带蜜的醋。将它洗净，晾干，切好，调以芸香、芫荽和食盐，你就更喜欢吃它了。它将给你带来好处，不让任何有碍健康的东西在你身体里停留，使胃健康起来。如果在此之前，你体内有某种疾病，它会使之全部获愈，它将从头部和眼部驱除一切疾病，使之痊可。应在每日早晨空腹食用。

如果你有黑疽病，如果脾脏肿胀，如果心痛，肝痛，肺或横膈膜痛，总之，它将治愈一切患病的脏腑。

刮脂木[1]于其中，甚好。因为当全部静脉由于食物而肿胀，全身不能喘气[2]时就会产生某些疾患。胃脏一由于多食不能蠕动，如果你照我建议的，适当服用甘蓝，那就任何疾患也不会发生。然而，如果你食用切碎、拌芸香、拌芫荽、刮碎脂木、浇蜜醋并撒上盐的生甘蓝，那就什么东西也不会像它那样能够驱除关节疾患了[3]。如果你食用了上述甘蓝，你的所有关节将活动自如。用此法治病不花任何钱，就是花点钱，为了健康也应该尝试一下。应在早晨空腹食用。如果有人失眠和老年虚弱，你也会以此等疗法使之痊愈。不过对于这样的人，要空腹给油炸的热甘蓝吃，稍微撒上些盐。病人吃的这种甘蓝越多，也就越会迅速地治愈这种疾患。

对那些苦于疝痛的病人，要按下法治疗：将甘蓝彻底浸透，然后放入陶壶中，很好煮沸，煮好后将水倒出，加好油和少量食盐、枯茗以及细大麦粉。然后再彻底煮沸，煮沸后，倒入菜盘中，给病人食用。要尽可能不给面包吃，如果不行，就给病人一个不夹任何东西的面包泡着吃。如果病人不发热，要给他饮红酒，这会使他迅速痊愈。遇到病人虚弱时，食用上面所说的甘蓝，可使之获愈。此外，要保存常吃甘蓝的人的尿，加热，再让病人沐浴其中。用这种疗法，你将使病人迅速康复：这是经过验证的。同样，如果你用此尿给幼儿洗澡，他们的身体就绝不会虚弱。要用这种药给视物不

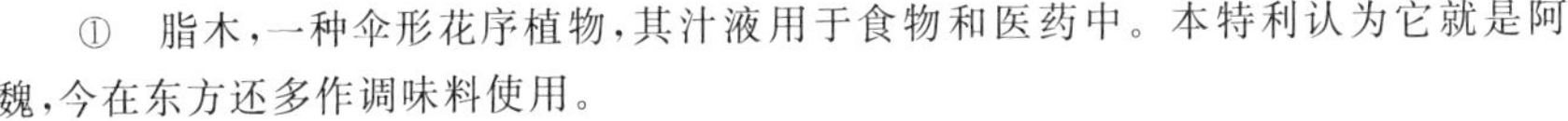

① 脂木，一种伞形花序植物，其汁液用于食物和医药中。本特利认为它就是阿魏，今在东方还多作调味料使用。

② 这似乎和埃拉西斯特拉图斯的学说有关，这种学说认为动脉传输全身气体，静脉传输全身血液。

③ 本段文字有讹误。

清的人抹眼，这样，他们会看得更好。如果头痛或颈痛，就用这种尿加热后热洗头颈：这将会止痛。

如果妇女用这种尿热洗阴部，阴部将永不患病。要这样热洗：在大壶里将尿煮沸了，放在带有穿孔的椅子下面。妇人可坐于其上，要蒙上她，周围用被子围上她。

野生甘蓝，具有最大的效力。应将它晒干捣碎，如果你要让病人清泻，就让他在前一天戒食，早晨将捣碎的甘蓝和四凯亚图斯的水，给病人空腹服用。任何东西，就连藜芦和墨牵牛子树脂也不能清泻得这样好，这样没有危险，而且（要知道）有益于健康。你将用以治好那些你认为治不好的病人。要按下法进行清泻：让病人连续喝七天甘蓝汁。他想吃东西了，就给他干肉；如果他不想吃，就给他煮熟的甘蓝和面包；让他喝淡薄的、掺水的酒；要少沐浴，要擦油。用此法清泻的人，将享有长期的健康；如果不是他咎由自取，就什么病也不会发生。

如果有人患恶性的或新的溃疡，可将水洒在野生甘蓝上，贴在溃疡处，就会使之痊愈。如有瘘，可将药丸塞入其中；如果塞不进药，就用水溶化，倒入一囊状物中，绑芦苇管于其上，然后使劲挤压囊状物，使溶液注入瘘中：这会迅速使之痊愈。一切新旧溃疡，贴上捣碎掺蜜的甘蓝，将会使之痊愈。如果鼻内生了鼻疽，要将干的和捣碎的野生甘蓝倒在手上，移到鼻子附近，然后尽量用力向上吸气，三天内，鼻疽就会脱落。鼻疽脱落了，你仍须照样做几天，使鼻疽完全治愈。如果你耳朵微聋，要将甘蓝兑酒在一起研碎，榨出酒汁，趁温滴注到耳朵里：你将会发觉听觉会好许多。将甘蓝涂在恶性疥癣上，就会使之痊愈，而不形成溃疡。

一五八

如果你要彻底清泻一下你的胃脏，要按下述方法进行。取一陶壶，添六舍克斯塔里乌斯的水于其中，并放入一块脚杆肉，没有脚杆肉，就放一块脂肪最少的重半利布拉的大腿肉，煮之，煮熟后放两个甘蓝根，两棵带根的甜菜，一个水龙骨幼芽，少量山靛[①]，两利布拉蛤蚧，一条杜父鱼[②]，一只蝎子，六只蜗牛和一把扁豆。要将所有这些煮成三舍克斯塔里乌斯的液体。不要添油。趁热从中取一舍克斯塔里乌斯，再添一凯亚图斯的科斯岛酒，饮之。稍事休息，再依同法饮第二次，然后再饮第三次，你就会很好地清泻。如果此外你想喝掺水的科斯岛酒，喝也无妨。上述如此之多的原料中任何一种都可以清泻肠胃。所以把它们合在一起就更有疗效了，而且味道很好。

一五九

为预防鞍擦伤，启程时，可将黑海艾蒿嫩枝垫在臀下。

一六〇

脱臼可凭借下面的咒语使之痊愈。取四五足长的青芦苇，对半劈开，让两人各拿一半靠近髋骨处开始念咒说“motas uaeta, daries dardares astataries dissunapiter”，念到两半芦苇聚合在一

① 一种植物，它在植物学上还保留这一名称。

② 不详其为何物。

起为止。要在它们上面挥动一把小刀。当两半相合而一半触及另一半时，要将它们拿在手中，从左右两边切断，绑在脱骨处或折骨处就好了，但要每日念咒语。又脱臼时，也可念以下咒语："haut haut haut istasis tarsis ardannabou dannaustra。"

一六一

种植龙须菜的方法如下：翻掘好较湿或肥沃的土地。翻掘好后，要做成苗床，使你能从左右耘田和铲草而不致践踏苗床。做苗床时，要在苗床和苗床之间各方面都留出半足的距离。然后进行种植。要投二三粒种子于用木橛成排掘出的小坑里，并用这种木橛掘土覆盖土坑。然后好好将粪肥撒到苗床上。要在春分后进行种植。龙须菜长出来，要多次铲草。要注意，勿将龙须菜和草一起拔出。种的那年冬季，要以麦秸覆盖幼苗，以免冻坏。然后于春初揭开，锄地并铲草。第三年播种之后于春初烧之。然后锄地，但不要早于龙须菜生出时，以免锄地时损伤菜根。第三年或第四年，将龙须菜连根拔出。如果你将它折断，就会生出萌蘖而枯死。要在你看到它长籽以前，将它拔下。种子在快到秋季时成熟。收集种子后，可放火烧苗床。龙须菜开始长出时，要除草上粪。八九年后，它已变老时，要加以分植；你打算向之移植龙须菜的土地，要好好加以翻掘和施肥；然后做成沟，栽龙须菜于其中。每棵龙须菜根部之间的距离应不少于一足。拔菜时，要掘松周围土壤，使菜能容易拔出，注意不要损坏它。要尽量多上羊粪：羊粪用于这种场合是最好的。用其他粪肥会使野草丛生。

一六二

盐腌大腿肉和小块猪肉[①]的方法。大腿应按下述方法用盐腌在桶或缸中。买到大腿后，将蹄子砍掉。每一个大腿要用半斗罗马盐。将盐铺在缸的底部，然后放入大腿，皮要向下，要全部用盐覆盖。然后放入第二个大腿，覆盖同上。注意不使肉和肉接触。要这样将大腿都覆盖起来。全部大腿都放置好了，就在上面盖盐，不让肉露出来；要把它们弄平。过五天后，将它们带盐取出来。要将原来放在上面的翻到下面去，并以同样方式盖盐和放置。过十二天后，要将大腿完全取出抖去盐，迎风悬挂两天。第三天，用海绵彻底将其揩净，抹上油，再挂起烟熏两日。第三日取下，抹上油醋混合物，再挂在肉架上。无论蠹虫或蛆虫都不会触动它们。

---

① 人们认为这就是科路美拉（XII，55，4）所提到的 offulae carnis（腌猪肉块）。

图书在版编目(CIP)数据

农业志/(古罗马)M.P.加图著;马香雪,王阁森译.—北京:商务印书馆,2017
(汉译世界学术名著丛书:120 年纪念版:珍藏本)
ISBN 978-7-100-14203-8

Ⅰ.①农… Ⅱ.①M… ②马… ③王… Ⅲ.①农业史—史料—古罗马 Ⅳ.①F354.69

中国版本图书馆 CIP 数据核字(2017)第 137644 号

权利保留,侵权必究。

汉译世界学术名著丛书
(120 年纪念版·珍藏本)
农 业 志
〔古罗马〕M.P.加图 著
马香雪 王阁森 译

商 务 印 书 馆 出 版
(北京王府井大街 36 号 邮政编码 100710)
商 务 印 书 馆 发 行
南京爱德印刷有限公司印刷
ISBN 978-7-100-14203-8

2017 年 12 月第 1 版 开本 710×1000 1/16
2017 年 12 月第 1 次印刷 印张 6¾
定价:45.00 元